KB051432

세상을 담는 여행지리

세상을 담는 여행지리

초판 1쇄 발행 2020년 12월 28일
초판 5쇄 발행 2023년 8월 14일

지은이 김인철 · 남중선 · 범영우 · 성정원 · 오태훈 · 전보애 · 채나미

펴낸이 김선기
펴낸곳 (주)푸른길
출판등록 1996년 4월 12일 제16-1292호
주소 (08377) 서울시 구로구 디지털로 33길 48 대륭포스트타워 7차 1008호
전화 02-523-2907, 6942-9570~2
팩스 02-523-2951
이메일 purungilbook@naver.com
홈페이지 www.purungil.co.kr
ISBN 978-89-6291-886-1 03980

- 이 도서의 국립중앙도서관 출판시도서목록(CIP)은 서지정보유통지원시스템 홈페이지(http://seoji.nl.go.kr)와 국가자료공동목록시스템(http://www.nl.go.kr/kolisnet)에서 이용하실 수 있습니다.(CIP제어번호: CIP2020050282)

딱! 내 여행지리 교과서

세상을 담는 여행지리

김인철 · 남중선 · 범영우 · 성정원 · 오태훈 · 전보애 · 채나미 지음

푸른길

세상을 담는 여행, 세상을 읽는 지리

여행지리는 2015개정교육과정과 함께 신설된 고등학교 진로선택과목이다. 고등학교 지리에 속하지만 한국지리나 세계지리 같은 일반선택과목과 달리, 학생들이 자신의 진로를 탐구하고 실생활 체험학습이 가능할 수 있도록 했다는 점에서 차별성을 갖는다.

여행지리는 현재와 미래의 여행자인 학생들에게 우리나라 혹은 다른 문화권, 지구의 한 모퉁이에서 마주하게 되는 자연환경과 인문환경이 어떻게 변화하고 존재하는지, 그 속에 살아가는 사람들의 삶은 서로 어떻게 연결되고 영향을 주고받는지를 이해하고 탐구하는 과목이다. 또한 세상과 소통하고 개인과 공동체를 성찰하고, 지속가능한 평화와 공존에 필요한 공감, 소속감, 사회적 참여, 지리적 상상력을 기르는 교과다.

사실 오래전부터 지리교육학계 내에서는 지리의 대중화와 함께 지리에 대한 학생들의 흥미를 높이고 학생활동 중심으로 교육과정을 개선해야 한다는 목소리가 있었고, 여행지리는 세계지리의 대안으로 지속적으로 논의되었다.

여행지리가 처음 세상에 나왔을 때, '여행도 이제 학교에서 가르쳐야 하나?' 식의 불편한 시선을 어렵지 않게 마주할 수 있었다. 하지만 이제 여행은 그저 먹고 마시는 관광, 혹은 모르는 사람들과 패키지로 묶여서 깃발만 따라다니는 행위만을 뜻하지 않는다. 삶을 돌아보고 인류의 어두운 면을 성찰하는 다크투어리즘, 현지인의 삶을 존중하고 다양성을 배우는 공정 여행 등 여행의 의미는 변화하고 확장되었다. 여행의 의미가 달라진 만큼 다시 한번 여행지리에 대해 생각해 볼 필요가 있다. 여행을 왜 학교에서 가르치냐고? 이 책은 이러한 편견에서 출발했다.

'Armchair Traveler' 혹은 'Armchair Fan'은 직접 여행하거나 경기장에 가지 않고 자신의 집 팔걸이의자에 편하게 앉아서 다른 사람이 여행하는 것을 보거나 경기를 즐기는 사람으로, 직접 여행하거나 경기장에 가서 관람하는 사람에 견주어 약간 얕보는 말이다. 하지만 대학에서 자연지리학을 강의했던 철학자 이마누엘 칸트도 그의 고향인 쾨니히스베르크를 벗어난 적이 없었다. 그는 자신이 여행을 떠날 시간을 내지 못하는 것은 더 많은 나라들을 알고 싶기 때문이라고 종종 말했다고 전해진다. 대신 자신의 연구실에 앉아 세계 곳곳의 여행기를 탐독했으니 그야말로 열렬한 Armchair Traveler였다고 할 수 있다. 여기서 의문이 든다. 지리학을 가르치기도 했으나 직접 여행한 경험이 없다는 이유로 이마누엘 칸트를 얕볼 수 있는가.

『여행의 이유』에서 작가 김영하는 TV예능 <알쓸신잡(알아두면 쓸데없는 신비한 잡학사전)>에 출연한 경험이 탈(脫)여행이라고 말한다. <알쓸신잡>은 여러 분야의 지식인들이 모여서 자유롭게 이야기하는 프로그램으로, 매주 출연자들은 한 도시의 다른 곳으로 여행을 간다. 모두가 함께 여행하는 것은 아니고 마음이 맞는 사람끼리, 아니면 각자 개별적인 여행을 하다가 저녁에 모여 같이 식사를 하면서 자신이 낮에 갔던 곳에 대해 이야기를 한다. 주말에 TV를 통해 보는 낯선 자신과 다른 출연자의 여행을 제3자의 시각에서 바라보면서, 자기 속에서 타자의 관점을 지니는 것, 장소에 대한 통제 상실을 경험하는 것이 탈여행이다. 각 출연자는 각 도시의 일부만을 보고, 일부만을 여행하고 돌아온다. 결국 각 출연자가 여행한 도시를 퍼즐 조각처럼 맞춰서 전체를 이해하는 것은 시청자의 몫이다.

이와 비슷하게 프랑스의 철학자 피에르 바야르는 타자를 통해 간접적으로 여행함으로써 좀 더 깊이 있는 여행을 경험할 수 있다고 말했다. 바야르는 이런 사람들을 'voyageur casanier'라고 칭했으며 이는 일명 '방콕 여행가'를 뜻한다. 그는 『여행하지 않은 곳에 대해 말하는 법』이라는 책에서 이러한 여행을 비(非)여행이라고 불렀다. 즉, '여행하지 않는 사람'이 아니라 '비여행을 하는 사람(혹은 방콕 여행을 하는 사람)'이라는 뜻이다.

설혜심은 『그랜드 투어』에서 '투어리스트(tourist)'라는 말이 처음 나왔던 1800년대에도 귀족들이 자신은 고상한 여행가이고, 뒤늦게 이 여행의 대열에 뛰어든 사람들을 천박한 관광객으로 구분하고 선을 그으려는 시도를 했었다고 꼬집는다. 그녀는 "세상은 넓은 배움터이며, 따라서 세계의 장소들을 탐색하는 행위인 여행은 책의 탐독과 동등한 지적 활동"이라고 정의한다. 여행은 그 범위나 방법, 주체, 대상 등 모든 면에서 매우 다양한 스펙트럼을 가지고 있고, 이를 단절적으로 보는 것은 여행을 부분적으로 이해하는 오류를 범하는 것이다. 직접 걸어서 여행하는 것, 탈여행이나 비여행을 통해 다른 사람의 경험을 나의 경험에 더하는 것, 나의 여행을 더 풍부하게 하는 모든 것이 여행이 아닐까?

『세상을 담는 여행지리』를 집필한 '세상을 연결하는 지리'(세연지)는 전국의 7명의 교사와 1명의 교수, 모두 8명의 지리교과 연구자들이 2017년에 모여서 만든 전문적 학습공동체이다. 그동안 꾸준히 답사와 연구, 학회 발표와 논문집필, 직무연수의 기획과 성과의 확산, 수업사례의 공유 등 다양한 활동을 이어 왔다. 여행지리 이미지카드, 통합사회 9개 핵심개념 게임카드 세트, 교수학습자료를 개발하여 세상에 내놓은 것은 지금까지 우리 학습공동체의 가장 큰 결실이었다. 이 책은 여행지리 이미지카드의 후속으로, 학교현장에서 여행지리 학습에 도움이 될 만한 수업자료에 대한 높은 요구에 따라 시작하게 되었다.

이 책은 여행지리 교육과정을 재구성하여 기후 여행, 지형 여행, 문화 여행, 도시 여행, 성찰 여행의 5장으로 엮었다. 집필하는 동안 저자들은 어떤 형태로든 탈여행자가 되기도 했고 비여행자가 되기도 했으며 직접 두 발로 여행하기도 했다. 칸트처럼 각 여행지와 관련된 자료와 책, 여행기, 지도와 위성사진을 연구했고, 때로는 Armchair Traveler로 여행 다큐멘터리를 보기도 했다. 또 각자가 집필한 장소에 대해 서로 이야기하면서 그 각각의 장소를 상상하고, 자신이 직접 경험한 여행에 켜켜이 새로운 여행이 더해져서 하나의 여행으로 완성되는 경험을 공유하게 되었다.

지리에서는 지도만큼이나 사진이나 그림, 이미지가 중요한 수업 도구로 사용된다. 그래서 이 책은 여행 중에 봄 직한 여행지의 경관 사진을 선정하고, 그 이미지에 여행을 담고자 했다. 저자들은 경관 사진을 선정할 때, '이게 뭐지?'라는 질문이 아니라 '여기가 어디지?' 하는 질문이 떠오르는 이미지, 즉 장소감(sense of place)과 지리적 상상력을 높일 수 있는 이미지를 선정하고자 노력했다. 그리고 지리학의 중요한 도구인 스케일, 즉 줌인과 줌아웃을 통해 그 이미지를 자세히 관찰하고 '무엇이 보이나요?'라는 질문이 나올 수 있는 사진을 선택했다. 우리의 노력이 독자들에게 잘 전달될 수 있기를 고대한다.

얼마 전 한국관광공사에서는 '힐링사운드 여행 ASMR: 겨울을 느껴봐! 눈 감으면 더 선명해지는 풍경들' 시리즈를 내놓았다. 협곡을 누비는 매서운 강바람을 느낄 수 있는 철원 한탄강, 조용한 성곽길에 스치는 낙엽을 들을 수 있는 광주 남한산성, 뽀드득 눈 밟으며 눈꽃 산행을 할 수 있는 구례 노고단을 이제 귀에 이어폰만 꽂으면 그곳을 '여행'할 수 있다.

세계는 거기에 있다. 그리고 우리는 탈여행이든 비여행이든 직접 하는 여행이든 여전히 여행을 떠난다. 독자들이 이 책을 통해 세상을 읽는 능력, 지리적 안목을 키울 수 있기를 희망한다.

2020년 12월

저자들을 대표하여 전보애

차례

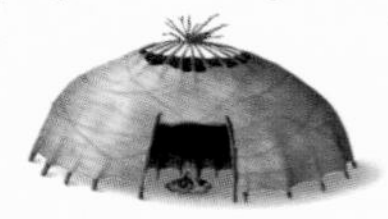

기후 여행

지형 여행

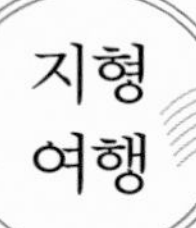

문화 여행

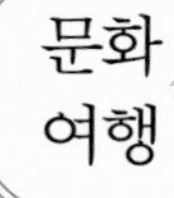

도시
여행

성찰
여행

Alaska
Greenland
Pacific Ocean

기후 여행

Travel 1
혹한의 초원에서
살아가는 법
-몽골-

초록의 풀과 푸르른 하늘이 맞닿은 끝없이 펼쳐진 지평선이 보입니다. 대지 위에는 하얀색 천으로 덮인 팽이를 뒤집어 놓은 모양의 집이 보입니다. 파란 하늘 아래, 초록의 대지 위 하얀 집은 몽골의 게르입니다.

광활한 평원을 삶의 터전으로 살아가는 몽골 사람들은 우리와 다른 가치관을 가지고 있습니다. 유목민인 그들에게 겨울은 삶을 위협하는 시간이지만 동시에 그들이 함께 살아갈 수 있는 관습을 만들어 준 시간입니다. 광활한 평원에 넓게 펼쳐진 초록의 풀은 몽골의 여름을 살찌게 합니다. 그 풀을 먹고 자라는 가축들은 그들만의 공통점을 가지고 있으며, 몽골인은 가축들을 돌보기 위해 아주 독특한 재능을 가지게 되었습니다.
글램핑장을 떠올리게 하는 몽골의 집에서 그들의 삶이 묻어납니다. 그 작은 공간에는 몽골인이 삶 속에서 만들어 온 관습에 따른 보이지 않는 경계가 존재하고, 그들은 그 경계를 침범하지 않고 살아갑니다.

그들이 안심하고 떠나는 이유

몽골의 겨울은 혹독하다. 살아남기 위해서는 영하 40도에 이르는 극한의 추위를 견뎌야 한다. 9일간 이어지는 매서운 추위가 9번 지나가야 몽골의 춥고 긴 겨울이 지나간다고 한다. 만약 당신이 그곳에 있다고 생각해 보자. 여기가 어디인지, 어디로 가고 있는지조차 가늠할 수 없는 상황에서 극한의 추위를 맞이한다면 그것은 곧 죽음을 의미할 뿐이다.

이런 환경에서 살아온 몽골 사람들은 추위에 홀로 떠도는 이들을 못 본 체하지 않는다. 그들은 자기 삶의 공간을 기꺼이 내어 준다. 몽골의 게르(Ger)를 방문했을 때, 그 누구도 하룻밤 묵어가는 것을 거절하지 않는다. 이유는 간단하다. 나도 언젠가 홀로 떠도는 이가 되었을 때 누군가의 배려가 필요하기 때문이다. 이러한 문화 때문에 몽골 사람들은 추운 겨울이라도 안심하고 길을 떠날 수 있다.

하얀 겨울과 검은 겨울

8월의 끝자락이 되어 찬바람이 불기 시작하면 몽골 사람들은 긴 겨울을 준비한다. 그들에게 가장 중요한 것은 겨울 동안 가축들을 지키는 일이다. 하지만 몽골의 혹독한 겨울은 결코 호락호락하지 않다.

몽골에서는 겨울철 맹렬한 추위와 폭설로 인해 수많은 가축이 죽는다. 몽골 사람들은 이러한 자연재해를 '조드'라고 부른다. 몽골의 야생 동물이나 가축은 풍족하지는 않지만 눈 속에 파묻힌 잡풀을 찾아 먹으며 겨울을 난다. 하지만 폭설로 눈이 많이 쌓이면 가축들은 그마저도 찾아낼 수 없다. 먹지 못한 가축들은 죽을 수밖에 없는데, 이렇게 폭설 때문에 가축들이 떼죽음을 당하는 경우를 '차강조드(하얀 조드)'라고 한다.

한편 눈이 많이 내리지 않더라도 기온이 급격히 떨어지면 땅이 꽁꽁 얼어 빙판이 된다. 가축들은 풀을 찾아 빙판 위로 이동하다가 넘어져 상처를 입거나 다리가 부러지곤 한다. 이렇게 움직일 수 없게 된 가축들은 결국 얼어 죽고 마는데, 이렇게 극한의 추위로 인해 가축들이 죽는 자연재해를 '하르조드(검은 조드)'라고 부른다. 몽골 사람들은 겨울마다 많은 가축의 목숨을 앗아가는 검은 조드를 더 무서워한다.

봄이 되면 눈이 녹고 초록의 풀이 대지를 덮는다. 눈이 녹은 대지 위에는 '조드'로 희생된 가축의 사체들이 여기저기 널려 있는데, 그 수가 상상을 초월한다. 이 가축들은 눈과 얼음 속에서 겨울을 보냈기 때문에 부패하지 않은 상태지만, 몽골 사람들은 이 동물들을 먹지 않고 그대로 놓아둔다. 덕분에 겨우내 굶주린 독수리와 늑대들이 배를 불릴 수 있다.

최근에는 유목민들이 삶의 터전을 버리고 도시의 빈민가로 들어가는 경우가 많아지고 있는데, 이는 겨울 동안 조드로 가축을 잃은 그들이 할 수 있는 최후의 선택일 것이다.

빨간 겨울과 하얀 여름

몽골 사람들은 척박한 자연환경과 유목 생활 때문에 식재료와 향신료를 구하

차강이데

올랑이데

는 것이 쉽지 않다. 그래서 시간을 들여 음식을 만들지 않는다. 몽골의 음식들은 대부분 원재료의 맛을 살린 것들이다.

몽골에서 가장 많이 먹는 음식은 가축의 젖으로 만든 유제품이다. 이는 가축들이 풀을 충분히 뜯어 먹을 수 있는 여름철에 많이 생산하는데, 대부분 흰색이기 때문에 이를 '차강이데(하얀 음식)'라고 부른다. 겨울이 되면 가축들이 먹을 풀이 부족하여 젖을 구하기도 힘들다. 그래서 주로 도살한 가축을 말린 음식을 먹는다. 보통 소 한 마리, 염소나 양 대여섯 마리를 도축하여 살코기를 빨래처럼 집 앞마당에 널어 말린다. 겨울을 나기 위한 이 음식들은 붉은색을 띠기 때문에 '올랑이데(빨간 음식)'라고 부른다. 이는 우리나라의 육포와 비슷하다.

몽골의 식사는 차강이데와 올랑이데를 기본으로 한 요리가 주를 이루는데 여름에는 차강이데를, 겨울에는 올랑이데를 많이 먹는다.

시력 4.0

몽골에서는 아이가 태어나면 약 3주 동안은 햇빛을 볼 수 없게 한다. 갓난아이의 시신경이 안정될 때까지 어두운 방에서 아이를 돌보는 것이다. 이러한 생활

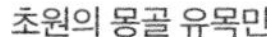
초원의 몽골 유목민

의 지혜가 멀리 있는 것을 정확하게 구별할 수 있는 몽골인의 뛰어난 시력을 만들어 낸다. 몽골인의 시력은 평균 4.0이라고 한다. 이는 1킬로미터 밖에 있는 가축의 암수를 구별할 수 있을 정도인데, 갓난아이를 돌보는 문화와 더불어 몽골의 자연환경이 만들어 낸 결과다.

우리나라는 주변을 둘러보면 쉽게 산을 볼 수 있다. 하지만 몽골은 넓은 평원이 끝없이 펼쳐져 있다. 이들은 넓은 평원에서 물과 풀을 찾아 유목 생활을 하며 가축을 키운다. 생존 수단인 가축을 울타리 없이 평원에 풀어 놓고 키우다 보면, 야생동물에게 잡아먹히거나 평원을 헤매다 잃어버리는 경우가 생기기 때문에 잘 지켜봐야 한다. 4.0의 시력은 넓은 평원에서 특별한 문명의 도움 없이 가축을 키우기 위해, 즉 생존을 위해 필요했다.

돼지나 닭은 키우지 않는다

몽골 사람들이 다섯 가지 보물이라고 부르는 가축이 있다. 환경 때문에 이동 생활을 해야 하는 이들에게 식량과 이동수단이 되어 주는 양, 소, 말, 낙타, 염소가 그것이다.

이 가축들은 공통점이 있는데 모두 무리 지어 이동 생활을 한다는 것이다. 넓은 대지에 가축들을 풀어 놓고 키우기 때문에 이러한 습성을 가진 가축들은 유목민의 수고를 덜어 준다. 유목 생활을 하면서 가축을 따로 돌보는 것은 쉬운 일이 아니다. 다만 양은 한 장소에 머무는 습성이 있어 유목민이 키우기에 적합하지 않지만, 염소와 함께 사육하면 염소를 따라 양들이 이동하기 때문에 보다 수월하게 키울 수 있다.

또 다른 공통점은 이 가축들이 풀만 먹고 살 수 있다는 것이다. 농업에 불리한 척박한 환경 때문에 몽골 사람들은 가축의 사료로 곡물을 제공하기 어렵다. 때문에 자연에서 쉽게 구할 수 있는 풀만 있으면 생존이 가능한 이 가축들이 유목민과 함께 살게 된 것이다. 같은 이유로 몽골의 초원에서는 돼지나 닭을 거의

볼 수 없다. 돼지나 닭은 우리나라와 같이 농업을 기반으로 정착한 지역의 사람들이 곡물을 제공하여 기르는 가축이다. 몽골 사람들에게 이 가축은 생존을 위협하는 존재가 될 수도 있다.

몽골 사람들이 가장 많이 사육하고 가장 많이 먹는 가축은 양이다. 양고기뿐만 아니라 말고기, 낙타고기도 중요한 음식 재료다. 이것은 먹어 본 사람들이 최고의 맛으로 손꼽기도 하지만 우리에게는 아직 익숙하지 않다. 반대로 우리가 즐겨 먹는 치킨이나 삼겹살이 몽골 사람들에게는 어색하고 거부감이 드는 음식일 것이다.

초원만 있는 것은 아니다

"몽골에서는 밤하늘의 별을 보기 위해 고개를 들 필요가 없다."라는 멋진 문장은 몽골의 넓은 평원 때문에 나온 말이다. TV나 책에서 보는 드넓은 평원과 말과 양이 뛰어다니는 초원은 몽골의 중동부 지역에 넓게 펼쳐져 있다. 이 지역은 몽골의 절반이 넘는 면적•을 차지하며 유목민들이 주로 거주한다. 몽골의 인구는 320만 명이 조금 넘는데, 그 절반이 수도인 울란바토르에 살고 나머지 150만 명 정도가 이 평원에서 유목 생활을 한다. 이 지역의 인구밀도는 1제곱킬로미터당 2명 정도다. 우리나라의 인구밀도가 1제곱킬로미터당 500명이 넘는 것과 비교하면 몽골의 드넓은 초원 위 유목민의 한가로운 일상이 저절로 떠오른다.

• 몽골의 전체 면적은 약 156만 제곱킬로미터로 남한 면적의 16배다.

몽골의 식생

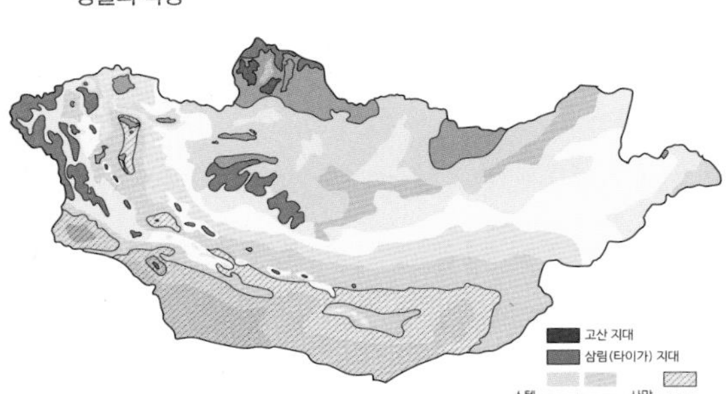

몽골 북서부 산악 지대

몽골에는 초원만 있는 것이 아니다. 남쪽에는 고비 사막을 중심으로 넓은 사막 지대가 펼쳐져 있다. 고비는 몽골어로 '풀이 자라지 않는 땅'이라는 뜻으로 이 사막의 모래 먼지가 봄철 우리나라 황사의 주범으로 자주 언급되기 때문에 나름 익숙한 지명이다. 그리고 몽골의 북서쪽에는 해발고도 4,000미터가 넘는 산맥이 펼쳐져 있다. 몽골의 풍경 사진 중 광활한 초원 뒤로 높은 산들이 펼쳐진 모습은 우리의 상식을 깨는 듯 낯설게 다가오곤 한다. 아마도 몽골의 북부 혹은 북서부 지역의 사진일 것이다.

천고마비의 말(馬)

몽골은 평균 해발고도가 1,500미터가 넘는다. 남한에서 가장 높은 한라산의 높이가 1,950미터인 것을 생각하면 꽤나 높은 곳에 있는 나라다.* 몽골은 고도가 높은 지역일 뿐 아니라 위도도 북위 41~52도로, 우리나라보다 고위도에 위치한다. 때문에 몽골의 겨울은 우리보다 추워 영하 40도의 혹한이 나타나고 여름은 영상 20도 내외로 서늘한 편이다.

• 강원도 오대산의 높이가 1,563미터다.

칭기즈칸이 만든 몽골 최초의 헌법에는 "물에 직접 손을 대면 안 되고, 물을 쓸 때는 그릇에 담아서 사용하라.", "물에 오줌을 누는 사람은 사형에 처한다."라는 내용이 있다. 아마도 물이 귀한 지역이기 때문일 것이다. 몽골은 연평균 강수량이 250밀리미터 정도로 건조한 지역인데, 특히 여름인 7, 8월에 비가 집중되기 때문에 여름을 제외한 시기는 강수량이 거의 없어 매우 건조하다.

몽골의 여름은 초록의 풀이 대지를 덮는다. 비가 내리는 서늘한 날씨는 풀이 자라기에 아주 적합한 조건이다. 또 풀이 많이 자라는 여름은 가축들이 살을 찌우기 좋은 시기다.

우리가 흔히 쓰는 사자성어인 천고마비(天高馬肥)는 "하늘이 높고 말이 살찌는 가을이 날씨가 좋고 활동하기에 좋다."는 의미로 사용된다. 하지만 이 말의 어원을 찾아가 보면 중국의 『한서』 「흉노전」에 "북방의 유목 민족[흉노]이 수확을

하는 가을이 되면 여름철 내내 풀을 뜯어 살찐 말을 타고 쳐들어와 약탈해 갔다."는 기록이 있다. 그때 살찐 말이 바로 몽골의 초원에서 여름철 풀을 뜯었던 그 말이다. 즉, 천고마비는 약탈을 일삼는 북방의 약탈자들을 대비해야 하는 계절이라는 의미로 처음 사용되었다고 한다.

사냥꾼의 집

요즘 자연 속에서 가족이나 친구들과 캠핑을 즐기는 사람들이 많다. 더불어 직접 텐트를 사고 설치하는 것이 어려운 사람들을 위한 글램핑장도 유행 중이다. 글램핑장은 텐트 등 기본적인 야영 장비를 다 갖추고 있어 쉽게 캠핑을 즐길 수 있는 곳으로, 이곳에 설치된 천막을 보면 몽골의 가옥 '게르'가 떠오른다.

기원전 3000년경 몽골의 사냥꾼들은 사냥을 나가면 잠을 잘 수 있는 이동식 가옥을 만들었는데, 이 가옥을 '어워훠'라고 불렀다. 나무로 뼈대를 세우고, 동물

어워훠

의 가죽으로 덮은 이 집은 쉽게 조립하고 해체할 수 있어서 이동 생활에 적합했다. 시간이 흘러 유목 생활에 조금 더 편리하도록 변형된 게르는 8세기경 지금의 모습으로 정착되어 몽골 초원의 보편적인 주거 형태가 되었다.

우리가 알고 있는 게르는 이동식 천막이지만, 몽골에는 고정된 형태의 게르도 있다. 몽골 제국이 발전하면서 일부 지역에서 사람들의 이동과 물자의 교류가 활발해지기 시작했고, 이곳에 물자의 교환을 담당하는 고정적인 일자리가 생겨나면서 정착하는 사람들도 나타났다. 이들이 살게 된 집이 바로 고정식 게르다. 고정식 게르는 '허스릭 게르'라고 부르는데, 대부분 공적인 업무를 담당하는 건물로 활용되었다.

한편 해체하지 않고도 이동할 수 있는, 수레 위에 지어진 '첨척 게르'도 있다. 첨척 게르의 수레는 말이나 소가 끌었다. 이는 주로 왕이나 왕족들이 이용했기 때문에 일반 게르보다 크기가 컸고, 당연히 수레는 빠르게 이동하지 못했다.

오늘날에도 몽골 유목민의 가장 보편적인 주거 형태는 역시 설치와 해체가 용이한 이동식 게르다.

허스릭 게르

첨척 게르

낙타 한 마리에 모두 싣고

몽골의 초원에서 느릿느릿 한 발 한 발 내딛는 쌍봉낙타를 텔레비전이나 책에서 본 적이 있을 것이다. 유목민은 낙타의 등에 집 한 채, 즉 해체한 게르를 싣고 이동한다. 게르의 지붕 가운데에는 지붕을 세울 때 기준이 되는 원형 틀이 있는데, 이를 '던'이라 한다. 게르에는 햇빛이 전혀 들어올 수 없는 것처럼 보이지만, 사실 이 던으로 햇빛이 들어온다. 던은 '우르흐'라는 천으로 덮곤 하는데, 이를 어떻게 덮느냐에 따라 햇빛의 양이 조절된다. 이러한 이유로 게르에서 던은 태양을 의미한다.

게르의 뼈대

던을 중심으로 지붕의 뼈대를 이루는 긴 막대기를 '오은'이라고 한다. 오은 위로 '데베르'라는 천을 덮으면 지붕이 완성된다. 지붕을 받치는 두 개의 기둥은 '빽안'이다. 던과 연결하여 게르의 중심을 잡아 주는 빽안 사이에는 주로 화로를 두는데, 사람들은 이곳을 신성하게 여겨 머무르거나 지나다니지 않는다. 게르의 벽은 나무를 격자로 이어 만든 '한'이라고 불리는 직사각형의 구조물을 이어 붙인 것이다. 일반적으로는 네다섯 혹은 여섯 개의 한을 이어 붙여 만드는데, 네 개를 이어 붙이면 게르의 바닥 면 지름이 4미터 정도가 된다. 신분이 높을수록 한의 개수가 늘어나는데, 왕족들은 무려 12개의 한을 사용한다. 한에 '토르끄'라는 천을 두르면 게르의 벽이 완성된다. 마지막으로 사람들이 드나들 수 있는 출입문 '할르끄'를 만드는데, 그 방향은 남쪽을 향한다. 출입문은 예전에는 천으로 만들기도 했으나 최근에는 대부분 나무로 만든다.

게르에는 한 가족이 모여 사는데, 보통 결혼하면서 신부가 신혼집으로 준비해 온다. 나무로 만든 구조물은 크게 파손되지 않으면 평생 사용하고, 구조물을 덮는 천은 3~5년 주기로 교체한다.

보이지 않는 삶의 경계

게르의 내부는 하나의 공간이지만 보이지 않는 경계에 의해 다섯 개의 구역으로 나누어진다. 남쪽으로 난 출입문 할르끄를 기준으로 동서남북 경계선을 그으면 생기는 네 개의 구역에 두 개의 빡안 사이 화로가 있는 공간을 더하여 총 다섯 개의 공간으로 구분하여 생활한다.

먼저 게르의 중앙은 신성한 공간으로, 이곳에 있는 화로에 불을 피워 온 집 안에 온기를 채우는데 다만 쓰레기는 태우지 않는다. 또 화로의 불을 외부 사람이 가져가는 것을 금기시한다. 화로를 기준으로 북쪽의 공간은 집에 거주하는 사람들을 위한 공간이고, 남쪽은 외부인들이 왔을 때 머무는 공간이다. 또한 서쪽은 주로 남자들이, 동쪽은 여자들이 머무는 공간이다.

아래 그림을 보며 좀 더 자세히 살펴보면, 남서쪽의 A구역은 '타자를 위한 공간'이다. 외부의 손님이 오면 이 공간에 머문다. 몽골에서 외부 손님이 온다는 것은 주로 남성들이며, 이들은 말이나 양의 젖으로 만든 발효 음식으로 대접한

게르의 내부 공간

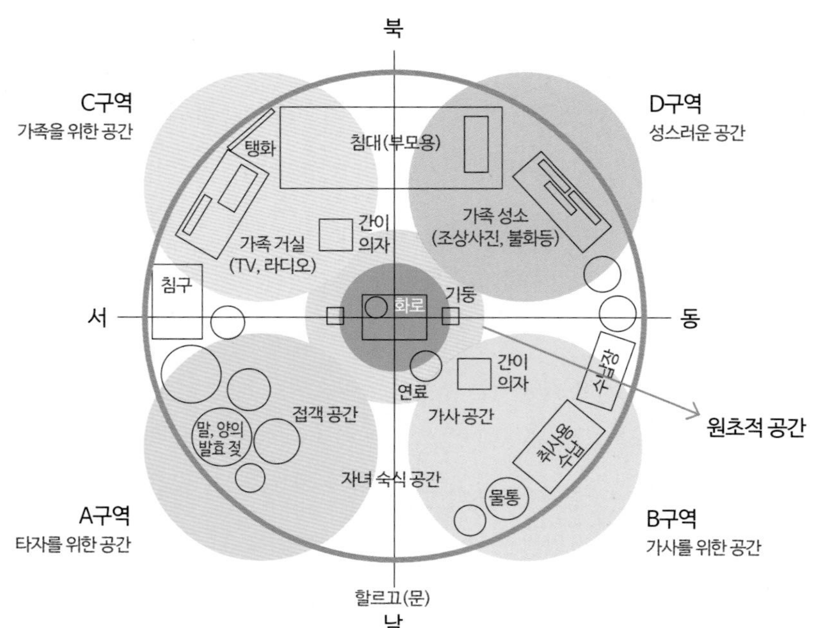

다. 우리 전통가옥의 사랑채와 비슷한 곳이다. 남동쪽의 B구역은 '가사를 위한 공간'이다. 취사도구와 식기류가 있는 여성들의 공간이다. 외부에서 온 남성들은 이곳에 들어가지 않는 것이 관습이다. 북서쪽의 C구역은 '가족을 위한 공간'으로 우리의 거실과 같은 공간이다. 북동쪽의 D구역은 '성스러운 공간'으로 조상의 사진이나 종교적 상징물을 올려놓는 공간이다. 게르에서는 잠을 잘 때 머리가 이 공간을 향하도록 눕고, 손님들은 이 공간을 등지고 앉을 수 없다.
이러한 관습은 오랜 전통에 따른 것으로, 몽골 사람들은 그 공간의 의미를 기억하며 살아가고 있다.

유라시아 대륙 깊숙이 자리한 몽골에서는 사막과 초원의 건조함과 겨울의 혹한을 동시에 이겨내야 했다. 몽골의 혹독한 자연환경은 우리에게는 낯선 그들만의 독특한 문화를 만들어 냈다. 그들이 먹는 것, 거주하는 곳, 살아가는 법을 이해하기 위해서는 몽골의 기후 환경을 이해하는 것이 먼저다. 단순히 우리와 다른 그들을 구경하는 관광이 아닌 그들을 삶을 이해하는 여행을 하기 위해서는 더 깊이 들여다보는 수고가 필요하다.

Travel 2

인간의 인내로 만들어 낸 와인

-스페인 카나리아 제도-

검은색 산 앞으로 펼쳐진 넓은 평지에는 나무가 자라고 있습니다. 우리나라에서는 쉽게 볼 수 없는 나무를 둘러싼 길게 이어진 돌 담장이 독특한 풍경을 만들어 냅니다.

멀리 보이는 산지에서 드넓은 평지까지 여러 차례의 화산 폭발로 형성된 검은색의 흙이 뒤덮여 있는 란사로테 섬은 스페인 자치령인 카나리아 제도에 속한 섬입니다. 평지에 펼쳐진 약간 낮아 보이는 반원형의 돌담 가운데에는 나무가 자라고 있습니다. 이 나무들은 와인 생산을 위한 포도입니다.

북위 33~44도에 걸친 이베리아반도에 위치한 스페인 본토와 달리 카나리아 제도는 본토에서 1,200킬로미터 이상 떨어진 아프리카 대륙 서쪽 해안에 자리 잡고 있습니다. 아열대 기후부터 건조 기후까지 기후 조건이 다양한 이곳은 유럽에서도 손꼽히는 관광지입니다. 인기 예능 프로그램 〈윤식당〉의 배경으로 등장했던 가라치코도 이 카나리아 제도에 속한 테네리페섬이었지요.

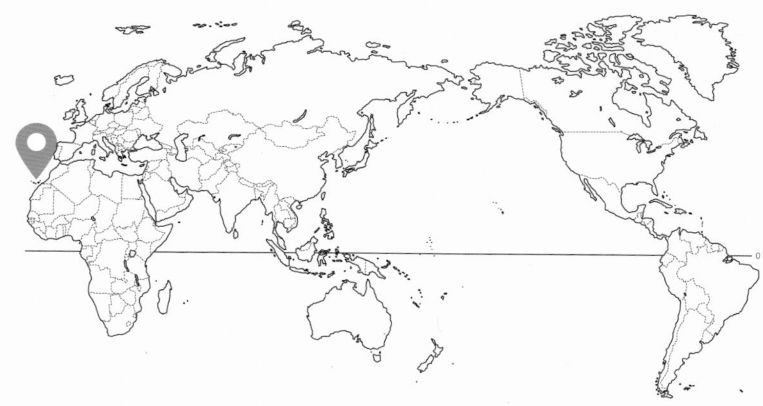

스페인령 카나리아 제도는 유럽? 아프리카?

카나리아 제도(Canary Islands)는 스페인 자치령이라 이베리아반도 인근이라고 생각하기 쉽지만 실제로는 아프리카에 가까운 지역이다. 가장 가까운 육지가 약 100킬로미터 떨어진 아프리카 서사하라(모로코)다. 북위 27~29도 사이에 위치한 카나리아 제도는 여름에 덥고 건조한 지중해성 기후인 스페인 본토와 달리 무역풍의 영향을 받아 전체적으로 아열대성 기후를 보인다. 전체 면적은 7,447제곱킬로미터(제주도의 약 4배)이며 인구는 약 215만 명(2019)이다.

일곱 개의 섬으로 구성된 카나리아 제도는 독특한 자연경관으로 인해 관광 산업이 경제의 중심을 이루고 있다. 스페인의 국립공원 13개 중 네 개가 카나리아 제도에 있으며 매년 1,000만 명 이상의 관광객이 전 세계에서 이곳을 찾는다.

사나운 개들의 섬

카나리아 제도의 이름은 라틴어 Canariae Insulae, 즉 '개들의 섬'에서 유래했다. 이는 카나리오라는 사나운 마스티프* 종의 개들이 많았기에 붙여진 이름이다.

* 개의 가장 오래된 품종 중 하나로 털이 짧고 몸집이 크다. 용맹스럽고 순종적인 성격으로 투견, 경비견 등으로 많이 활약한다.

카나리아 제도 일곱 개의 섬

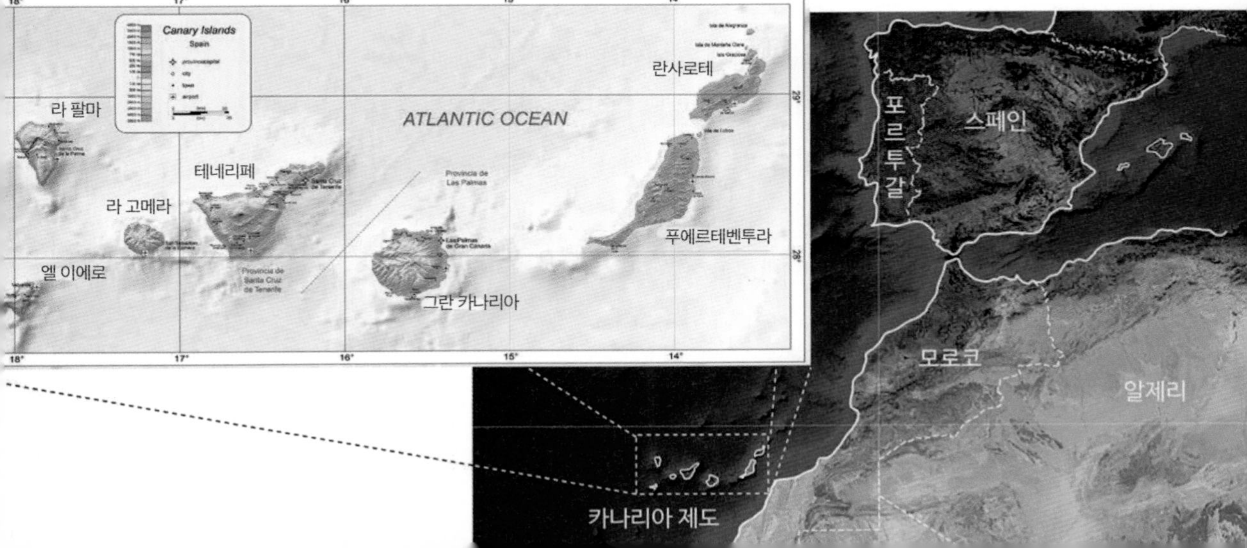

상) 푸에르테벤투라의 남부, 중) 그란 카나리아 남부 해안, 하) 란사로테 남부의 아차 그란지

로마 제국의 일부였던 카나리아 제도는 14세기 이후 유럽인들의 해상 진출이 활발해지면서 처음에는 프랑스에 의해 정복되었다. 이후 포르투갈에 매각되었으나 이전부터 정착해 있던 카스티야•인들이 반란을 일으켜 포르투갈의 카나리아 제도 인수는 실패로 돌아갔다. 이후 알카소바스 조약••으로 포르투갈이 카나리아 제도를 카스티야의 영토로 인정함에 따라 스페인의 일부가 되었다. 역사적으로 카나리아 제도는 대양 항해에서 중요한 역할을 했다. 콜럼버스도 카나리아 제도를 기지로 대서양을 횡단했고, 스페인이 남아메리카로 진출한 이후에는 식민지와 본토를 연결하는 항로에서 중요한 위치를 차지했다.

1970~80년대 우리나라의 원양 어업 전성기에는 전진기지로 활용되었고 현재도 교민이 살고 있다.

• 스페인 중부 지역 이름. 중세 카스티야 왕국에 속하던 지역을 가리킨다. 카스티야어(스페인어)가 이 지역에서 유래했다.

•• 1479년에 포르투갈이 카스티야 왕위를 포기하는 대신 대서양의 몇몇 섬들과 아프리카 해안에 대한 포르투갈의 영유권을 스페인이 인정할 것을 명문화한 조약.

자연환경의 백화점 – 화산, 사막, 아열대 기후

카나리아 제도의 기후는 크게 저위도 사막 기후로 분류된다. 하지만 바다의 영향을 받는 라 고메라, 테네리페, 라 팔마의 중심부에는 아열대 습윤 기후가 나타난다. 카나리아 제도의 섬들은 북동 무역풍의 방향을 따라 나란히 자리 잡고 있다. 서쪽에 위치한 엘 이에로, 라 팔마와 라 고메라는 습윤한 카나리아 해류의 영향으로 식생이 풍부하며 조엽수림이 나타난다. 한편 동쪽에 위치한 섬들은 해류의 영향에서 벗어나 점점 건조해져 아프리카 대륙에 가까운 푸에르테벤투라, 란사로테는 건조 또는 반건조 기후가 나타난다. 특히 테네리페의 북부는 대서양에서 불어오는 바람의 영향으로 식생이 발달했지만, 남부는 건조한 기후가 나타나고 중심부는 높은 고도로 인해 서늘하고 습윤한 기후가 나타나 다양한 자연환경을 보여 준다.

카나리아 제도는 바다 건너 사하라 사막의 영향을 받기도 한다. 2020년 2월에는 사하라 사막에서 시작된 시속 120킬로미터의 모래 폭풍이 그란 카나리아, 푸에르테벤투라, 란사로테를 덮치기도 했다.

화산 활동으로 형성된 카나리아 제도는 대서양 화산대•••의 일부로, 테네리페 섬에 있는 3,718미터의 테이데산은 스페인에서 가장 높은 산이다. 해저 부분까지 합하면 높이가 7,500미터에 달하는 테이데산의 지질 및 지형학적 다양성

••• 신생대 제4기에 형성된 화산대. 20여 개의 활화산과 여러 해저화산이 있으며, 해저분화도 흔히 볼 수 있다. 아프리카 대륙의 서안을 따라 대서양 해상에 있는 아조레스 · 마데이라 · 카나리아 제도 등의 여러 섬을 연결하며, 다시 남쪽의 아센션섬 및 세인트헬레나섬으로 뻗어 있다.

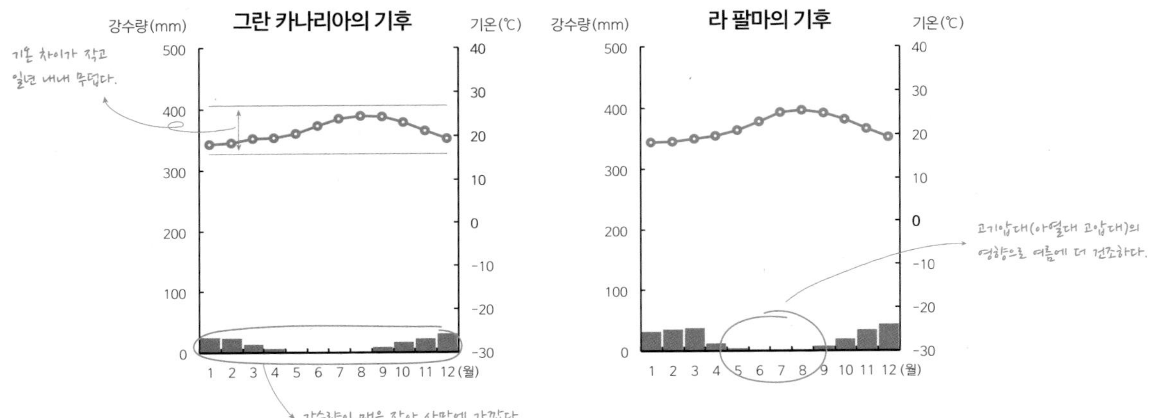

은 알렉산더 폰 훔볼트, 레오폴드 폰 부흐, 찰스 라이엘과 같은 유명한 지리학자, 지질학자들의 관심을 받았다. 화산 활동은 비옥한 토양을 만들어 고유한 식물들의 생장을 촉진하였는데 카나리아 소나무, 카나리아 삼나무 등이 대표적이다.

포도는 어떤 곳을 좋아할까?[11]

포도는 지나치게 덥거나 추운 지역을 제외한, 남북위 약 30~50도의 연평균 기온이 영상 10~20도인 곳에서 많이 재배된다. 품종에 따라 선호하는 기후와 지형, 토양이 다르기 때문에 포도 재배는 지역의 영향을 많이 받는다. 먼저 기후를 살펴보면 잎이 나고 줄기가 뻗을 시기에는 적당한 강수량이 필요하지만 꽃이 피고 열매가 익는 시기에는 비가 오지 않아야 당도가 올라간다. 성장기인 여름의 화창하고 따뜻한 날씨는 포도의 당도와 산도를 조화롭게 만들고, 수확기인 가을의 건조한 날씨와 많은 일조량은 포도가 성숙하는 데 중요한 요소다. 겨

세계의 주요 와인 생산 지역

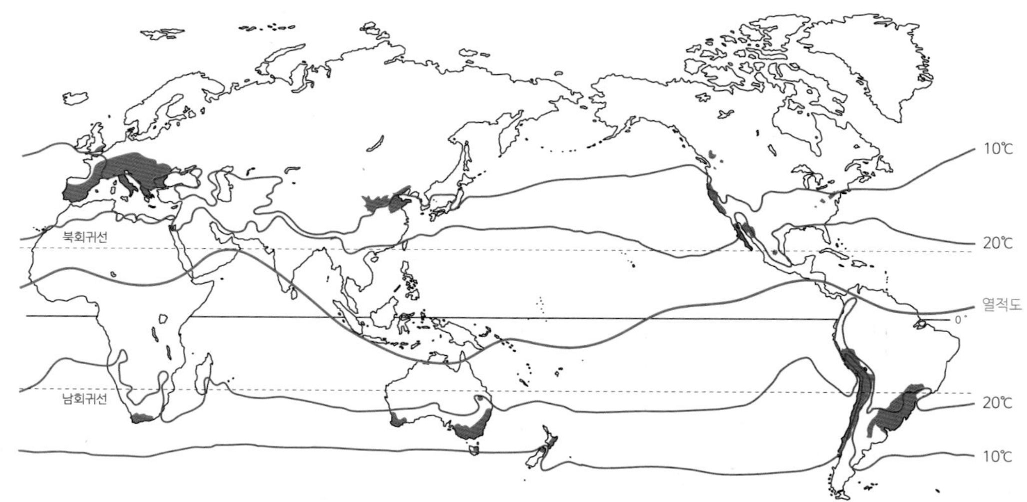

울 날씨도 중요한데 너무 추우면 포도나무 둥치와 뿌리에 피해를 주기 때문이다. 포도는 기후의 영향을 많이 받기 때문에 같은 지역에서 재배한 포도로 제조한 와인이라도 매년 맛이 달라진다.

포도 재배는 언덕이나 구릉과 같은 약간 경사진 지형이 유리한데, 이는 일조량이 많을 뿐만 아니라 서리의 피해가 적고 배수도 잘되기 때문이다.

흔히 척박한 땅에서 재배된 포도가 좋은 와인이 된다고 알려져 있는데, 토양이 척박해야 뿌리를 더욱 깊고 넓게 뻗어 다양한 영양분을 흡수하기 때문이다. 때문에 포도 재배에 있어 영양분이 많은 부식토는 오히려 부적합하며 석회석, 자갈, 모래 등이 섞인 토양이 적합하다. 결국 란사로테의 화산 토양은 양질의 포도 생산에 매우 적합한 셈이다.

인간의 의지로 척박한 환경을 극복하다

카나리아 제도의 란사로테는 1730년에 폭발한 화산의 영향으로 섬의 대부분이 화산 토양으로 덮여 있다. 이곳은 바람이 매우 강하고 강수량은 일 년에 150밀리미터가 채 되지 않기 때문에 포도 재배가 쉽지 않다. 하지만 다행히도 바다에서 불어오는 습한 무역풍 덕분에 포도를 재배할 수 있다. 이러한 기후 조건 덕분에 란사로테의 라 헤리아, 마스다체, 티나호, 예 라하레스 지역에서는 매우 독특한 방법으로 와인용 포도를 재배한다. 검은 화산 풍화토에 반원형의 구덩이를 파고 주변에 돌 담장을 쌓은 후 가운데 3~4그루의 포도나무를 심어 포도를 재배하는 것이다. 이를 '호요스'라고 한다.

배수가 잘되는 화산재로 구성된 토양을 가진 란사로테는 강수가 부족하지만 포도는 비교적 깊이까지 뿌리를 내리기 때문에 이곳에서도 재배가 가능하다. (화산 폭발 이전에도 포도 재배에 유리한 토양이었다고 한다.) 일반적으로 강수량이 500밀리미터가 되지 않으면 나무가 자라지 못하는 무수목 기후로 분류된다. 하지만 란사로테에서는 특별한 재배 방식인 호요스 덕분에 강한 바람과 강수량

호요스의 구조
(보데가 라 헤리아 와이너리)

부족을 극복하고 포도를 재배하여 품질 좋은 와인을 생산하고 있다. 다만 일반적인 와이너리에 비해 포도나무의 밀도가 매우 낮아 이곳에서의 와인 생산은 엄청난 노력과 인내심이 필요하다.

카나리아 제도의 영웅, 훔볼트[2]

알렉산더 폰 훔볼트는 독일의 지리학자이자 자연과학자, 박물학자, 탐험가다. 훔볼트는 근현대 과학과 철학, 문명의 발전에 크게 기여한 괴테, 찰스 다윈, 토머스 제퍼슨, 시몬 드 볼리바르, 푸시킨, 헤겔, 에머슨, 데이비드 소로 등을 비롯하여 열거할 수 없을 정도로 많은 당대, 후대의 지식인들이 스스로 크게 빚졌다고 생각하며 존경하는 대상이다. 다윈은 "훔볼트가 없었다면 비글호를 타지 않았을 것이고, 『종의 기원』을 쓸 수도 없었을 것이다."라고 말했고, 『월든』*을 쓴 헨리 데이비드 소로는 "나의 관찰 및 서술 방법은 훔볼트의 '자연관'에 기초하고 있다."고 고백했다. 나이 차이는 좀 있었지만 그와 밀접하게 만나고 교류했던 괴테**는 훔볼트의 과학사상 중 많은 것을 받아들였고 스스로도 과학에 심취했다.[3]

위대한 학자였던 훔볼트에게 카나리아 제도는 매우 특별한 장소였다. 훔볼트는 불과 20대 후반이던 1796년에 스페인 총리의 후원을 받아 카나리아 제도의 테네리페에서 유성우 관측을 수행했는데, 당시 그의 연구는 오늘날 천체 관측의 기초가 되었다. 테네리페에서 폭발 직후의 화산지형을 탐사한 훔볼트는 카나리아 제도를 시작으로 남미 대륙으로 건너가 오리노코강과 아마존강이 지류로

● 『월든』은 헨리 데이비드 소로의 대표적 수필집으로 1845~1847년 사회와 인연을 끊고 월든의 숲속에 살면서 쓴 책이다. 전 세계적으로 널리 읽힌 책이며 톨스토이와 간디에게 큰 영향을 주었다.

●● 괴테는 1749년생으로 훔볼트보다 스무 살이나 나이가 많았다.

연결되어 있음을 확신하여 배를 타고 무려 2,000킬로미터나 이동하며 다양한 동식물들을 조사했다. 그리고 콜롬비아에서 안데스산맥을 거쳐 페루까지 탐구하고, 침보라소산●●●을 5,700미터 지점까지 등반하여 당시 최고 기록을 세우기도 했다. 이때 훔볼트가 페루 연안을 흐르는 해류를 조사한 것을 기념하여 남아메리카 서안을 흐르는 한류의 명칭이 그의 이름을 따라 훔볼트 해류라고 붙여졌다. 훔볼트는 세계 각지를 여행하면서 관찰한 것을 바탕으로 동식물의 분포와 지리적 요인과의 관계를 설명하여 현재 우리가 자연을 관찰하는 방식을 수립했으며, 근대 지리학 방법론의 선구적 역작인 『코스모스』를 저술했다.

●●● 안데스산맥에 속한 에콰도르의 산. 해발 6,268미터로 적도 인근에서 가장 높은 산이다. 지구가 적도 부분이 좀 더 볼록한 형태이므로 지구 중심으로부터 가장 먼 곳이 바로 침보라소산 정상이다.

남미에서 돌아온 훔볼트는 이탈리아의 베수비오 화산을 조사하고 연구하여 1807년 『자연의 풍경』을 발간했다. 그는 자연지리학, 지구물리학의 기초를 닦았으며, 지형, 기상, 지구자기 연구에 각종 설비를 이용하여 식물과 환경과의 관계를 조사하고 6만 종에 이르는 방대한 표본을 수집했다. 훔볼트가 수집한 표본에는 수천 종의 새로운 종 및 속이 있었다. 1817년 『등온 곡선 만들기』에서 그는 여러 나라의 기후를 비교하는 방법을 보여 주었고, 처음으로 해발고도 증가에 따른 기온의 감소율을 밝혀냈다. 또한 지구자기의 힘이 극에서 적도를 향해 감소하는 것을 발견한 것도 훔볼트였다.

국토가 좁은 우리나라는 지역 간의 기후 차이가 크지 않다. 여름 기온과 겨울 기온의 지역 간 차이 역시 해발고도의 영향을 받는 고원이나 산간 지역을 제외한다면 그다지 크지 않다. 강수량도 마찬가지여서 많은 곳이나 적은 곳이나 생활하기에 불편함이 없다. 하지만 카나리아 제도는 다르다. 여러 개의 섬에 다양한 기후와 자연경관이 나타난다. 이것은 카나리아 제도의 기후에 위도, 무역풍, 기압대를 비롯하여 멀리 바다 건너의 사하라 사막까지 영향을 미치기 때문이다. 카나리아 제도에서는 독특한 재배 방식으로 기후를 극복, 포도를 재배해 탁월한 와인을 생산해 내는 인간의 끈기를 만날 수 있다. 아울러 유럽인들이 대양으로 진출하는 길목에 위치한 덕분에 카나리아 제도는 과거 지리상의 발견 시대 이후 현재까지도 많은 사람들의 발길을 이끄는 명소가 되었다.

Travel 3

서로 다른 운명을 걷는 코끼리

-아프리카와 아시아-

이동하는 코끼리 무리가 보입니다. 코끼리의 발이 딛고 있는 붉은 땅, 코끼리 뒤로 보이는 키 작은 나무들, 그리고 저 멀리 희미하게 높은 산들의 능선이 겹겹이 보입니다.

누군가는 이 사진에서 코끼리만 봅니다. 하지만 관찰력이 좋은 사람이라면 코끼리의 모습이 비친 흐르는 강물, 붉은 흙, 드넓게 펼쳐진 나무 등 더 많은 것을 발견할 수 있습니다. 멀리 흐릿하게 길게 이어진 능선들도 보이지요. 거대한 대륙과 다양한 자연환경의 아프리카는 동물의 왕국이라는 설명만으로는 아쉽습니다.
사람들은 대개 코끼리를 동물원에서 봅니다. 때문에 서식하는 곳을 기준으로 코끼리를 구별할 줄 모르지요. 아프리카코끼리와 아시아코끼리는 생김새도 다르고, 그들이 사는 곳에서 받는 대우와 사회적 의미도 다릅니다. 아프리카에서는 인간과 코끼리가 공존하면서 겪는 갈등이 심각합니다. 코끼리를 사랑하는 나라로 알려진 태국에서도 최근에는 코끼리에 대한 관심과 사랑이 예전만큼은 아닌 것처럼 보입니다.

코끼리, 어디까지 알고 있니?

코끼리 사진을 볼 때 어디서 태어난 코끼리인지 확인할 수 있는 사람은 얼마 되지 않을 것이다. 주변에 있는 사람에게 아래 코끼리 사진을 보여 주며 "이 코끼리는 어디서 태어났을까?"라고 물어보면 대부분 주저 없이 "아프리카!"라고 대답하지 않을까? 그렇다면 코끼리는 아프리카에만 살까? 아니다.

코끼리는 반려동물처럼 흔하게 접할 수 있는 동물은 아니지만, 태국에서는 마을 이곳저곳에서 쉽게 코끼리를 만날 수 있다. 태국 사람들은 코끼리와 함께 생활하고 그를 보호하는 것을 일상으로 여긴다. 직장이나 가정에 늘 하나 이상의 코끼리 장식물을 놓아둘 뿐 아니라 평소 바나나, 사탕수수를 가지고 다니며 지나가는 코끼리에게 먹이로 주곤 한다.

아래 두 마리 코끼리 중 아프리카에 사는 코끼리는 어느 쪽일까? 사진에 배경이 없어도 구별할 수 있을까? 다큐멘터리에 자주 등장하는 주인공은 긴 풀들과 키 작은 나무가 조화롭게 펼쳐진 사바나 초원을 배경으로 살아가는 아프리카코끼리다. 그래서 사람들은 코끼리와 코끼리가 거니는 사바나 배경을 하나의 묶음처럼 기억하면서 '코끼리=아프리카'라는 고정관념을 갖게 되었다. 다시 물어보자. 배경 없이 코끼리만 보고 아프리카코끼리를 찾을 수 있을까? 우리는 어떤 현상을 기억할 때 관련 지역, 장소와 같은 배경을 연관 지어 기억한다. 배경이 중요한 이유가 바로 이것이다.

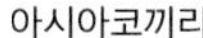

아시아코끼리

아프리카코끼리

아프리카코끼리, 아시아코끼리의 서로 다른 운명

코끼리는 아프리카코끼리와 아시아코끼리로 나뉜다. 코끼리를 생물학적 관점으로 분류하면서 수명, 무게, 생식 등에 대해 설명하는 정보는 쉽게 찾을 수 있다. 하지만 코끼리가 사는 지리적 배경에 대한 설명은 찾기가 어렵다. 사실 코끼리는 사는 나라 혹은 지역에 따라 살아가면서 겪는 경험이 다르다. 왜냐하면 코끼리가 받는 대우와 사회적 의미가 다르기 때문이다.

아프리카코끼리는 사하라 사막 이남에 분포하는데, 분포 지역을 기준으로 구분하면 아프리카부시코끼리, 아프리카숲코끼리 두 종류로 나눌 수 있다. 덤불과 긴 풀이 어우러진 드넓은 아프리카 사바나 초원에 서식하는 코끼리가 아프리카부시(덤불, 수풀)코끼리고, 열대우림에 사는 코끼리가 아프리카숲코끼리다. 〈내셔널 지오그래픽〉의 다큐멘터리에 자주 등장하는 아프리카코끼리는 사바나 초원 위 부시코끼리이며, 앞서 소개한 사진 속 주인공 역시 그렇다. 우리들은 대부분 아프리카코끼리, 그중에서도 부시코끼리를 통해 모든 코끼리를 이해하고 있다고 해도 크게 틀리지 않을 것이다.

아프리카코끼리의 서식지

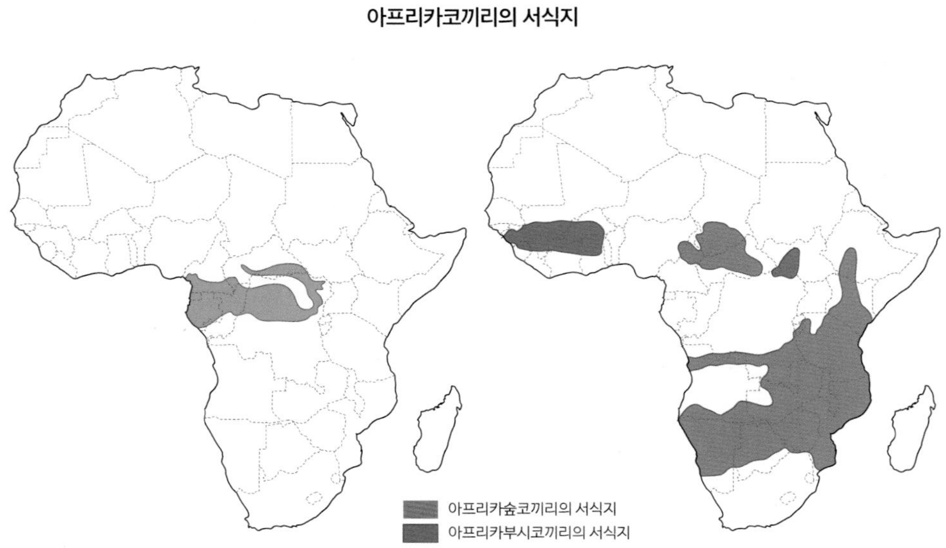

명칭	아프리카숲코끼리	아프리카부시코끼리
서식지	서부와 중앙 아프리카의 열대우림	동부와 남부 아프리카의 사바나
크기	2.4~3미터	3~4미터
무게	2~5톤	4~7톤

아프리카숲코끼리와
아프리카부시코끼리

사실 열대우림이 분포하는 콩고민주공화국, 가봉과 같은 적도 가까이 위치한 아프리카 국가에도 코끼리가 살고 있다. 하지만 방송에서 우거진 숲에 서식하는 코끼리를 보여 줄 때는 거의 태국, 인도, 스리랑카와 같은 아시아 국가가 배경이다. 그래서 "아프리카코끼리는 사바나 초원에, 아시아코끼리는 정글, 밀림과 같은 숲에 산다."라는 고정관념이 생긴 듯하다. 아프리카숲코끼리의 서식지는 아프리카 콩고 분지의 열대우림 분포와 거의 일치한다. 한편 크기는 부시코끼리보다 좀 작은데, 이는 탁 트인 사바나 초원이 아닌 우거진 열대우림 사이를 헤치며 살아가기 위해 환경에 적응한 결과다.

사바나 초원의 파괴적 생산자, 아프리카코끼리

아프리카 사바나 초원에 사는 코끼리는 없어서는 안 되는 '파괴적 생산자'다. 사바나 초원은 내버려 두면 햇볕을 좋아하는 나무가 점차 늘어나 숲으로 바뀌는데, 코끼리는 나무껍질, 과일, 풀, 나뭇잎 등을 먹기 위해 나무들을 쓰러뜨림으로써 잡목림을 초지로 바꾸는 데 중요한 역할을 한다. 이는 사바나 생태계가 유지되는 결과로 이어진다. 코끼리가 없어 사바나의 생태계가 파괴되면 사바나 초원을 삶의 터전으로 살아가는 누, 영양, 얼룩말의 거대한 무리도 사라질 것

세렝게티 국립공원
사바나 초원의 코끼리

이다.

코끼리는 가뭄에도 마르지 않는 샘을 찾아낸다. 그리고 코끼리들이 이동하며 다져 놓은 움푹 팬 길은 다른 동물들을 샘으로 이끄는 길이자 빗물이 샘으로 모이는 물길이 된다. 그뿐만이 아니다. 코끼리는 물구덩이에 드러누워 진흙 목욕을 하면서 물구덩이를 더 크게 만들고, 동시에 거대한 몸집으로 바닥의 빈틈을 메워 물이 빠져나가지 못하도록 만든다. 그렇게 만들어진 마르지 않는 물구덩이는 건기 동안 다른 동물들의 생명의 오아시스가 된다.

아프리카코끼리는 아프다

오늘날 아프리카코끼리는 고향에서 쫓겨난 피난민처럼 살아가고 있다. 세렝게티 국립공원을 이루는 사바나 초원 인근의 탄자니아, 케냐, 우간다에서는 1965년부터 2015년 사이에 인구가 최대 5배나 증가했다. 반면에 코끼리 수는 16만 7,000마리에서 1만 6,000마리로 크게 줄어들었다. 코끼리 수가 줄어들자 평화

로웠던 초원은 가시 돋친 덤불이 무성한 잡목림으로 바뀌었다. 환경이 변하자 남은 코끼리들은 먹이와 물을 찾아 나설 수밖에 없게 되었고, 그 결과 코끼리는 원주민들과 더 자주 충돌하게 되었다.

코끼리 때문에 가까운 사람이 죽거나 한 해 농사를 송두리째 망친 농부에게 코끼리는 공포와 증오의 대상이다. 이젠 주민과 야생동물의 갈등이 밀렵을 제치고 아프리카에서 가장 큰 골칫거리가 될 정도다. 사실 아프리카의 인구가 폭발적으로 늘어나면서 코끼리가 살던 땅은 계속 인간에 의해 점령되었고, 코끼리는 점차 인간이 점령한 땅 가운데 섬처럼 고립된 거주지에 살게 되었다. 코끼리들은 끊임없이 스트레스를 받았다. 그 와중에 먹이를 찾아 먹느라 짓밟아 버린 농작물 주인의 공격도 견뎌내야 했다. 아프리카코끼리의 불행은 이뿐이 아니다. 상아 때문에 목숨을 잃는 아프리카코끼리들이 상아가 없는 종으로 슬픈 진화를 하고 있다는 연구결과가 보고되었다. 상아 없는 코끼리만이 밀렵에서 살아남아 짝짓기를 하게 되고 유전을 통해 상아 없는 코끼리들이 태어나 그 개체 수가 늘어난다는 것이다. 한편 아시아코끼리는 아프리카코끼리와는 다른 운명을 맞이하고 있다.

다재다능한 아시아코끼리

코끼리는 동남아시아에 위치한 태국을 상징하는 동물이다. 태국인에게 코끼리는 정서적으로 친숙하고 의미가 있는 일상생활 속 동반자라고 해도 과언이 아니다. 태국에 가면 '여기도 코끼리, 저기도 코끼리'라는 말이 나올 정도로, 왕궁, 사찰, 거리 곳곳에 코끼리 동상이나 그림이 있다. 또 기념품, 생활용품의 디자인에서도 코끼리를 흔하게 발견할 수 있다.

태국 시장에서 쉽게 볼 수 있는 코끼리 그릇

태국의 국기와 해군기

코끼리는 대부분의 불교 국가들에서 종교적인 의미로 숭배의 대상이다. 석가모니의 어머니인 마야 부인이 태몽으로 흰코끼리 꿈을 꾸었다고 전해지기 때문인데, 국민의 80퍼센트 이상이 불교를 믿는 태국에서는 흰코끼리가 마치 영웅이나 왕처럼 국가의 상징이자 수호신으로 대접받고 있다. 코끼리는 불교를 상징하기도 하지만 왕실을 상징하기도 한다. 이것은 태국의 국기에서도 확인할 수 있는데, 국민을 의미하는 빨간색과 국왕을 의미하는 파란색을 연결해 주는 흰색이 불교를 상징하는 흰코끼리에서 유래했다고 한다. 태국의 해군기에는 아예 중앙에 코끼리가 그려져 있기도 하다.

이렇게 귀한 코끼리가 아이러니하게도 전쟁에도 활용되고 벌목지에서 무거운 통나무를 나르는 힘든 일에도 동원되었다. 목숨 걸고 전쟁터에서 싸우다 살아남으면 숲에 가서 무거운 나무를 나르는 코끼리는 그야말로 극한 직업의 종사자였다. 다행히 벌목 금지법이 생긴 이후 더는 무거운 통나무를 나르지 않는다. 대신 이제 코끼리는 관광객을 태운다. 평소에는 짐을 나르다 관광객이 오면 몇 가지 재주를 부려 박수를 받고 등에 태우고 다니며 만족시킨다.

아시아코끼리는 아프리카코끼리보다 덩치가 작고 높이가 낮다. 때문에 조련사가 코끼리를 조련하여 관광객들을 태우는 코끼리 트레킹에 활용할 수 있다. 실제로 코끼리 트레킹은 태국 곳곳에서 쉽게 접할 수 있는데, 특히 치앙마이의 대표적인 관광상품이다. 최근에는 관광객을 실어 나르기 위한 가혹한 훈련으로 고통받는 코끼리를 보호하자는 움직임이 동물보호단체를 중심으로 생겨나고 있다. 이들은 코끼리 트레킹을 하지 말자고 목소리를 높인다.

코끼리 트레킹

태국에서도 사람과 코끼리와의 갈등이 증가하고 있다. 이러한 갈등은 야생코끼리의 서식공간이 줄어드는 데서 기인한다. 코끼리의 서식지인 산림이 감소하자 야생코끼리들은 사

람이 사는 주거 공간과 농경지로 내려오기 시작했다. 그리고 이를 막기 위해 사람들은 전기 울타리를 설치했다. 그 결과 사람이나 코끼리가 죽거나 다쳤다. 신성시되던 코끼리의 개체 수는 현재 급격히 감소 중이다.

태국 정부는 코끼리를 보호하기 위해 북부에 코끼리 보호구역을 지정했고, 태국의 한 재단은 람팡에 세계 최초의 코끼리 전문병원을 설립했다. 코끼리를 보호하고 공존하려는 노력에도 불구하고 산업화에 따른 산림 감소 등 근본적인 문제가 해결되지 않는 한 코끼리와 사람의 갈등은 해결되지 못할 것이다.

코끼리의 실상이 임업 노동자, 참전 용병, 관광 서비스업 등 여러 직업을 전전하는, 게다가 인간의 서식지를 침범하는 골칫거리라 할지라도 여전히 태국에서 코끼리는 왕실과 불교를 상징하는 귀한 존재다. 정겨움과 신성함을 동시에 지닌 코끼리가 태국이 가장 사랑하는 동물이라는 사실은 변함이 없다.

아프리카의 초원은 몽골의 초원과 같을까?

'사바나'는 '대초원'을 뜻하는 스페인어이다. 독일 기후학자 쾨펜은 식생 분포에 따라 세계의 기후를 구분했는데, 나무 없이 긴 풀만 자라는 평야가 나타나는 곳을 사바나 기후라고 한다. 몽골의 드넓은 초원도 나무 없이 풀만 자라는 평야지만 사바나와는 조금 다른 경관을 연출한다. 몽골의 초원은 '스텝'이다.

'스텝'은 시베리아에서 중앙아시아에 걸쳐 나타나는 짧은 풀로 뒤덮인 넓은 초원을 가리키는 말이다. 숲이 형성되기에는 강수량이 적어 건조하고 사막보다는 비교적 강수량이 많아 짧은 풀이 자랄 수 있으며, 농업용수만 확보되면 농사가 가능한 지역이다. 스텝과 사바나의 공통점은 두 식생 모두 초원과 평야를 지칭한다는 점, 건기와 우기가 나뉜다는 점이다. 다만 스텝은 연간 강수량이 사바나보다 매우 적다.

연간 강수량이 250~500밀리미터에 불과한 스텝이 몽골에만 있는 것은 아니다. 스텝은 건조 기후인 사막 주변에 분포하고, 사바나는 열대우림 기후 주변에 분포한다. 아프리카 대륙에는 동물의 왕국인 사바나만 있는 것이 아니다. 그곳에는 열대 기후, 건조 기후, 온대 기후가 넓게 나타나며, 고도가 높은 산에는 한대 기후에서 주로 볼 수 있는 만년설이 나타나기도 한다. 적도가 대륙의 정중앙을 지나는 경우는 아프리카가 유일하다. 따라서 아프리카 대륙은 적도를 중심으로 남북으로 대칭하여 나타나는 기후를 살펴보기에 가장 좋은 조건을 가진 곳이다. 사막 기후와 스텝 기후를 포함하는 건조 기후가 아프리카 대륙에서 가장 넓은 비중을 차지하고, 그 다음은 열대 기후(열대우림, 사바나, 열대몬순)다. 그리고 아프리카 대륙 북쪽과 남쪽 끝에는 온대 기후가 일부 나타난다. 해발고도에 따라 냉대 기후 환경과 한대 기후 환경까지 볼 수 있다.

우리는 아프리카를 어떤 이미지로 소비하는가?

아프리카는 인류의 기원지로 인종의 진화와 분화의 근거를 보여 준 대륙이다.

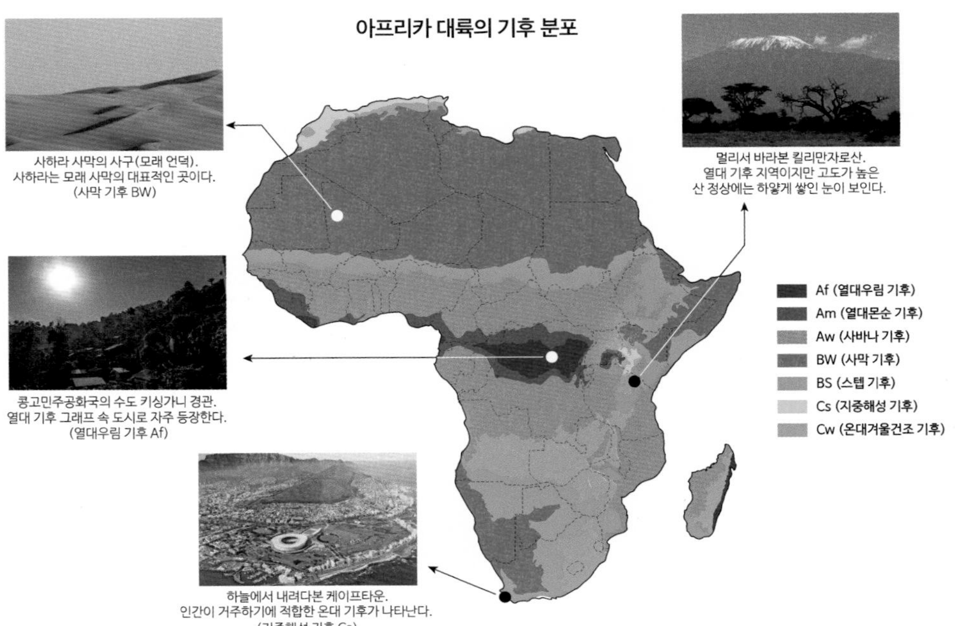

사하라 사막의 사구(모래 언덕). 사하라는 모래 사막의 대표적인 곳이다. (사막 기후 BW)

멀리서 바라본 킬리만자로산. 열대 기후 지역이지만 고도가 높은 산 정상에는 하얗게 쌓인 눈이 보인다.

콩고민주공화국의 수도 키싱가니 경관. 열대 기후 그래프 속 도시로 자주 등장한다. (열대우림 기후 Af)

하늘에서 내려다본 케이프타운. 인간이 거주하기에 적합한 온대 기후가 나타난다. (지중해성 기후 Cs)

또한 고대 국가가 탄생하고 찬란한 문화를 꽃피웠던 지역이다. 하지만 현재의 아프리카에 대해서는 전쟁, 가난, 질병 등 부정적인 이미지를 떠올리게 된다. 많은 사람이 아프리카 대륙의 나라에 대해 차별적인 시각을 가진 것은 대중매체 속 이미지가 작용한 탓이 크다.

아프리카는 아시아에 이어 세계에서 두 번째로 큰 대륙이고 그 면적이 미국, 중국, 인도, 유럽(러시아 제외), 일본을 합친 것보다 크며 유엔에 가입한 국가 수도 53개국으로 6대륙 중 가장 많다. 당연히 다양한 자연환경과 수많은 민족, 언어, 종교, 문화, 삶의 수준을 가진 대륙이다. 하지만 우리에게 아프리카는 사람들이 살기에 좋지 못한 자연환경, 질병과 기아에 허덕이고 폭력과 혼란이 난무하는 균질적인 하나의 지역으로 인식되고 있다.

「중학생들을 대상으로 한 아프리카의 이미지에 관한 연구」[1]를 보면 아프리카에 대한 이미지는 '폭력적이다', '후진적이다', '열등한 인종이다', '불쌍하다' 등으로 서구 중심주의적 고정관념과 일치하고 있다. 또한 '아프리카 하면 연상되는 것이 무엇인가?'라는 질문에는 '자연환경'이라 응답한 비율이 가장 높았는데 이는 〈동물의 왕국〉, 〈타잔〉 등 미디어의 영향 때문이라고 보았다. '아프리카에 대한 이미지를 형성하는 데 영향을 미친 요인이 무엇인가?'라는 질문에는 교과서가 46퍼센트로 가장 높았고 미디어가 36퍼센트로 그 뒤를 이었다.

우리가 거대한 대륙 아프리카의 다양한 자연환경과 삶의 모습을 편견 없이 인식하기 위해서는 의도적인 노력이 필요하다. 아프리카 관련 뉴스에 관심을 기울여 변화하는 아프리카의 역동성에 주목해야 한다. 특히 유럽인의 시각에서 부정적으로 스테레오타입화되어 있는 아프리카에 대한 이미지를 넘어 현재 아프리카의 변화하는 모습을 주의 깊게 찾아보면서 균형 잡힌 관점에서 이 지역에 대해 학습해야 할 것이다.

Travel 4

올리브, 지중해를 지키는 건강한 보물

-지중해 연안-

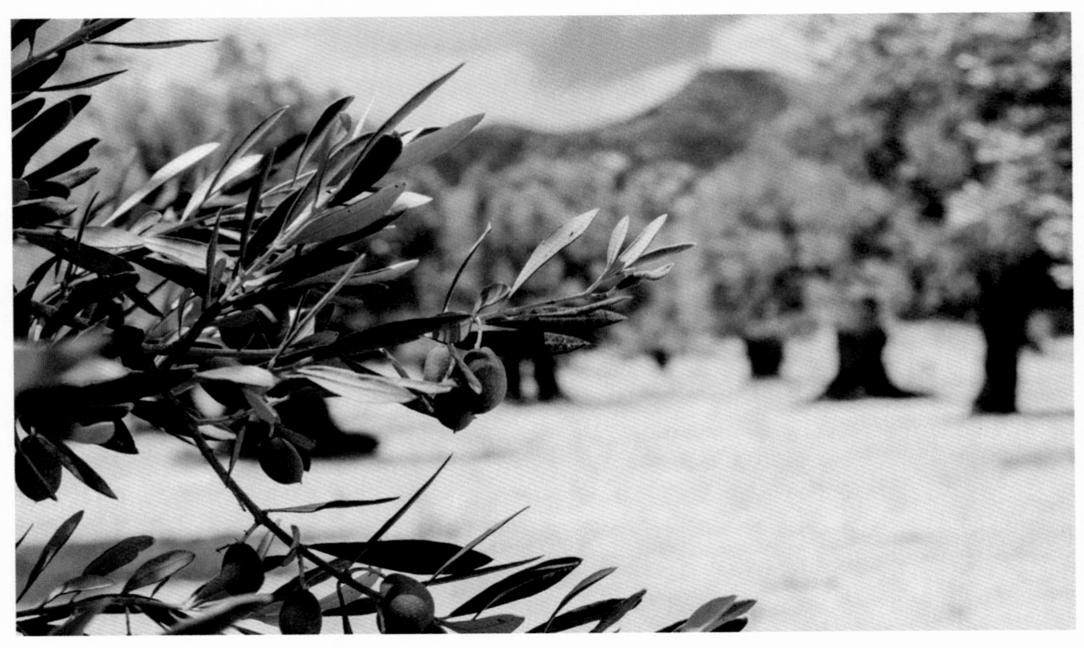

뒤로 보이는 황량한 풍경 때문인지 초록색 타원형 열매가 달린 나뭇가지가 더욱 푸릇푸릇해 보입니다. 이 나무는 우리 주변에서는 쉽게 볼 수 없는 올리브입니다. 하지만 그리스나 이탈리아에서는 우리나라의 감나무만큼이나 흔하게 볼 수 있습니다.

올리브나무는 잎이 작고 단단하며 건조 기후에서도 비교적 잘 자라기 때문에 스페인과 이탈리아, 그리스 등 남부 유럽의 지중해 지역에 널리 분포합니다. 올리브가 우리나라에 분포하는 식생이 아님에도 우리는 이미 일상생활에서 올리브 열매를 많이 이용하고 있습니다. 노화 방지, 고혈압 예방, 항산화 효과 등으로 건강에 좋아 일명 '슈퍼 푸드'라 불리는 올리브는 기름으로 섭취하기도 하고 열매를 직접 섭취하기도 합니다. 올리브의 효능, 올리브의 재배 지역 등을 알아보는 것과 더불어 올리브가 유럽 크리스트교에서 종교적 상징으로 등장하는 이유 역시 지리적으로 매우 중요합니다.

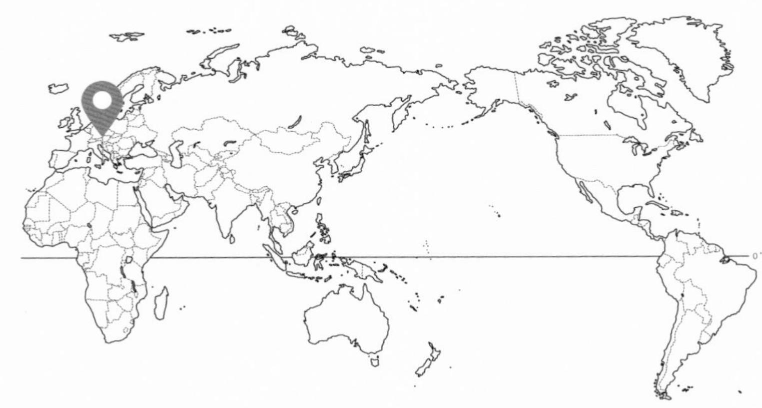

올리브, 신의 축복과 풍요의 상징

『성경』 창세기 8장은 대홍수가 그치고 노아의 방주에서 목숨을 건진 생명들이 배에서 내리는 내용을 담고 있다. 하느님은 인간들의 행태가 날로 포악해짐에 따라 대홍수로 인류를 멸망시키려 했으나, 하느님의 길을 따르는 사람인 노아와 그 가족만은 방주를 준비해 심판을 면하게 해 주었다. 이때 노아는 배에서 나가도 되는지를 확인하기 위해 귀소성이 강한 비둘기를 날려 보낸다. 돌아온 비둘기의 입에는 올리브나무 잎사귀가 물려 있었고, 그것을 본 노아는 땅이 거의 다 말랐음을 알았다. 이로써 올리브 나뭇가지와 비둘기는 평화를 상징하게 되었다.

유다가 예수를 배신하던 밤, 최후의 만찬을 마친 예수는 '겟세마네'로 가 그곳에서 마지막까지 기도했다. 이곳은 예수가 제자들과 함께 종종 찾던 곳으로 예루살렘 동쪽 약 800미터 높이의 감람산 중턱이다. 감람산은 감람나무, 즉 올리브나무가 많아서 지어진 이름이고 겟세마네는 히브리어로 '기름 짜는 틀'이라는 뜻이다.

모세는 이스라엘을 가리켜 '좋은 땅, 올리브가 나는 땅'이라고 묘사했다. 이스라엘의 헐벗은 바위투성이 골짜기에도 많은 올리브나무가 뿌리 내려 자라고 있다. 이렇듯 『성경』에서 올리브나무는 '하느님의 자비, 부활 약속, 풍요로운 가정생

올리브 나뭇가지를 물고 노아의 방주로 돌아가는 비둘기

올리브 나뭇가지

이스라엘과 팔레스타인

활, 생명의 축복' 등을 상징한다. 올리브나무의 쓰임새를 살펴보면 그 상징적 표현들을 이해하는 데 도움이 된다. 올리브오일은 과거부터 일상생활에서 다양하게 사용되었다. 음식에 쓰인 것은 당연한 일이고, 등잔 기름, 약, 향수, 비누 재료 등으로도 사용되었다. 또 특별한 의미로 신체나 머리에 붓기도 했다. 이처럼 올리브는 가정생활을 보다 풍요롭게 해 주는 쓰임새 많은 식물이다. 지중해 연안과 가까운 팔레스타인* 은 여름에 매우 덥고 건조하다. 그래서 그곳 사람들은 목욕 뒤에 올리브오일을 몸에 발랐다. 특히 먼 길을 여행하고 난 뒤에 몸에 바르는 기름은 기분을 상쾌하게 만들고 원기를 회복시킨다고 여겼다.

예로부터 올리브오일은 상처를 치료하는 데도 사용되었다. 『성경』 속 '착한 사

스페인 안달루시아의
올리브나무 농장

마리아인 이야기'를 보면 상처에 포도주와 기름을 붓는 장면이 나온다. 그리고 예수의 제자들은 아픈 사람들에게 기름을 부어 병을 고쳐 주었다. 이스라엘 사람들에게 올리브오일은 단순한 의약품이 아니라 하느님이 아픈 자에게 베푸시는 도움과 생명의 축복을 의미한다.

올리브나무의 끈질긴 생명력의 비결은?

올리브나무는 언뜻 보기에 메마르고 거칠고 투박한 옹이투성이의 줄기뿐이라 땔감으로밖에는 쓸모가 없어 보인다. 하지만 올리브나무의 가장 중요한 부분은 눈에 보이지 않는 곳, 땅속에 있다. 올리브나무의 뿌리는 땅 밑으로 최대 6미터, 옆으로는 그보다 더 멀리까지 뻗어 나가 넓고 깊고 견고하게 자리 잡는다. 이 강인한 뿌리가 바로 올리브나무가 풍성한 수확을 내며 생존하는 비결이다. 올리브나무는 가뭄으로 골짜기에서 자라는 나무들조차 말라 죽어갈 때도 바위투성이 산허리에서 살아남을 뿐 아니라 수백 년 동안 계속해서 올리브 열매를 맺는다. 바로 멀리 뻗어 내린 뿌리 덕분이다. 올리브나무 한 그루가 한 해에 많게는 약 57리터의 오일을 제공할 수 있다.

오래 살고 싶다면 올리브오일과 친해져라

올리브오일의 인기는 현대인의 '건강'에 대한 열망 때문이 아닐까? 전 세계에서 가장 건강한 식단으로 손꼽히는 '지중해식 식단'의 필수품인 올리브오일은 다양한 건강상 이점이 알려지며 가정마다 한 병씩 갖춰 놓는 식재료가 되고 있다.

올리브오일은 전 세계 많은 사람들이 샐러드의 맛과 풍미를 살리는 드레싱으로 사용하는 것은 기본이고, 음식을 할 때 식용유 대용으로도 많이 사용한다. 올

리브오일의 효능은 잘 알려져 있다. 특히 심장질환 예방과 혈중 콜레스테롤 감소에 좋다. 최근에는 올리브오일에 포함된 물질이 적혈구를 보호해 심장질환을 줄인다는 연구 결과도 나왔다. 올리브오일의 불포화지방산이 LDL-콜레스테롤 수치를 낮춘다는 것은 이미 널리 알려진 사실이다. 이외에 올리브오일에 함유된 올레산은 혈압을 낮춰 줄 뿐 아니라 심장의 노화를 늦춰 주고 피부미용에도 도움이 된다. 지중해 지역에는 수많은 장수촌이 있는데, 이들의 식단에는 항상 올리브오일이 빠지지 않는다.

지중해 연안인 그리스, 스페인, 이탈리아 남부의 요리를 일명 '지중해식 식단'이라 하는데, 채소와 과일과 더불어 영양이 풍부한 해산물 등의 재료가 풍성한 것이 특징이다. 유네스코 세계문화유산으로 등재된 지중해식 식단은 우울증, 노화 방지, 치매 예방에 좋아 '장수 건강식'으로 불린다. 실제로 지중해식 식단을 먹는 사람들은 심장질환 발생률이 낮다.

지중해식 식단은 채소, 과일, 콩류, 통곡물 등을 매일 섭취하는 것이 기본인데, 탄수화물은 주로 통곡물로 섭취한다. 신선한 채소와 유기농 치즈, 여기에 올리브오일을 듬뿍 뿌리면 그리스식 샐러드가 완성되고, 불에 구운 생선에 올리브오일만 둘러도 근사한 요리로 변신한다. 복잡한 조리 과정을 줄이고 올리브오일로 맛과 건강을 더하는 지중해식 식단은 최근에 더욱 인기를 얻고 있다.

일상생활을 파고든 올리브의 변신

'웰빙 트렌드'의 영향으로 달라진 식탁 풍경 중 하나는 '건강한 오일'의 등장이

다. 10여 년 전만 해도 가정에서 사용하는 기름은 콩기름, 옥수수기름, 참기름이 대세였으나 이제는 달라졌다. 파스타와 샐러드에 주로 쓰이는 올리브오일이 '식탁 위의 카메오'로 등장한 것이다. 우리나라에서만 나타난 변화는 아니다.

먹으면 먹을수록 몸에 좋다는 올리브오일은 맛과 향으로 입맛을 돋운다. 올리브오일 중 최고급인 엑스트라 버진 올리브오일은 산도가 0.8퍼센트 미만이라 생으로 먹으면 싱싱함과 알싸한 풍미를 제대로 느낄 수 있다. 올리브오일은 압착하는 순간 산화가 되어 산도가 높아지는데, 고온에서는 산화가 더 빠르게 일어난다. 산도가 낮을수록 좋은 품질의 올리브오일인데, 엑스트라 버진 올리브오일은 올리브의 씨를 제거하고 처음 짜낸 콜드 프레스 오일이다. 즉 냉압착 방식으로 짜낸 것으로 산도가 가장 낮다. 화학적으로 정제되지 않아 맑은 녹색을 띠며 풍부한 풀 내음이 그대로 전해져 풍미가 가장 좋다.

엑스트라 버진 올리브오일을 착즙하고 난 후 남은 올리브를 두 번째로 정제해 얻는 버진 올리브오일은 중등급이며 풍미는 나쁘지 않지만 산도가 2퍼센트에 가깝다. 이후에 계속 올리브를 착즙하여 정제하여 나온 올리브오일은 산도가 높으며 퀄리티가 낮아 주로 가열 요리용이나 튀김 요리용으로 사용한다.

올리브오일을 맛있게 먹고 싶다면 산화를 늦추기 위해 개봉한 후 빠른 시간 내 섭취하는 것이 좋다. 또한 플라스틱 재질보다는 어두운 유리병이나 스테인리스 캔에 담긴 제품을 고르는 것이 좋다.

올리브오일의 정제 과정과 등급

1. 엑스트라 버진 올리브오일 (Extra virgin oilive oil)
   최고급 품질의 올리브오일로 냉압착 방식으로 추출하여 산도 0.8퍼센트 미만이다.
2. 파인 버진 올리브 오일 (Fine virgin olive oil)
   엑스트라 버진 올리브오일과 비슷하지만 산도가 약 1.15퍼센트 정도다.
3. 버진 올리브오일 (Virgin olive oil)
   엑스트라 버진 올리브오일을 착즙하고 난 후 남은 오일을 두 번째로 정제해 얻는 중등급 오일로 산도는 약 2퍼센트다.
4. 퓨어 올리브오일 (Pure olive oil)
   올리브 과육에서 세네 번째 착즙한 오일로, 생으로 먹기보다는 식용유 대신 사용한다.
5. 정제 올리브오일 (Refine olive oil)
   고온의 화학적인 정제 과정을 거친 오일로 가장 퀄리티가 낮아 튀김용으로 사용한다.

올리브나무도 사람도 좋아하는 지중해성 기후

지중해성 기후는 우리나라와 비교했을 때 겨울이 온화한 편이고 강수량이 겨울에 집중되어 여름이 우리나라처럼 습하지 않고 건조한 것이 특징이다. 그리고 여름뿐 아니라 연중 일조량이 풍부하다. 지중해 연안에서 나타나는 기후라서 '지중해성 기후'라고 부르는데, 미국의 캘리포니아주, 칠레 중부, 아프리카 남단, 오스트레일리아 남부 일부 지역도 이 기후에 속한다. 지중해성 기후가 나타나는 땅은 전체 육지의 1.7퍼센트에 불과하지만 대개 많은 사람이 살고 있다.[1)]

비슷한 위도의 다른 지역에 비해 연교차가 작은 지중해 연안은 여름에 햇빛이 좋고 습도가 낮아 쾌적하기 때문에 북서 유럽인들이 즐겨 찾는 휴가지로 손꼽힌다. 지중해성 기후는 남북위 30~40도의 대륙 서안에 분포, 아열대고기압대와 편서풍대 사이에 위치한다. 그 결과 기압대의 계절적 이동에 따라 여름에는 아열대고기압의 영향을 받아 맑고 건조한 날씨가 계속되고, 겨울에는 편서풍의 세력권에 들어가 강수가 집중되기 때문에 식생에 유리한 환경이 된다. 따라서 지중해성 기후의 식생은 온난다습한 겨울에 성장하고, 고온건조한 여름에는 성장을 멈춘다. 미국 캘리포니아주는 여름에 모든 풀이 완전히 말라 버릴 정도다.

지중해성 기후인
프랑스 남부 도시 니스

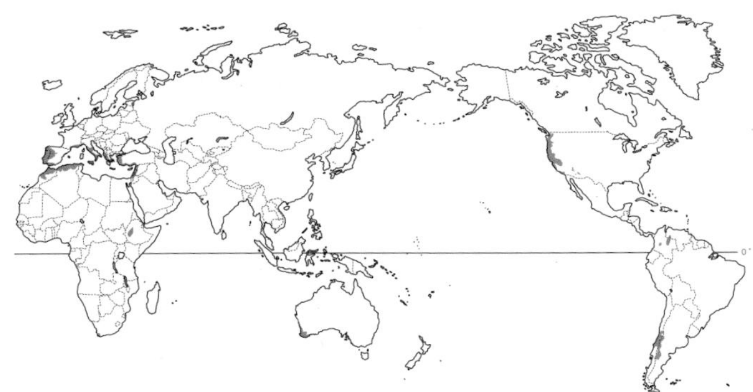

지중해성 기후의 분포

때문에 지중해성 기후 지역은 일찍부터 관개농업이 발달했다. 덕분에 포도, 오렌지를 비롯한 각종 과일이 많이 생산되는데 일조량이 풍부하여 과일의 색이 좋고 당도도 높다.

그런데 코르크참나무, 올리브나무, 무화과나무 등은 활엽수인데도 건기인 여름에 푸르름을 유지한다. 그것은 심한 가뭄을 이겨 낼 수 있는 생태를 갖춘 덕분이다. 일반적으로 띄엄띄엄 분포하는 올리브나무는 잎이 작고 단단하며, 나무껍질이 두꺼워 수분의 증발이 최대한으로 억제된다. 이와 같은 생태의 나무로 이루어진 숲을 상록경엽활엽수림이라고 한다.

과일이 맛있는 지중해성 기후

과일의 당도는 일조량이 풍부할수록 높아진다. 흐린 날씨 일주일 동안의 당도 상승률은 맑은 날씨 2~3일 동안의 그것과 비슷하다. 여름 동안 고온건조한 지중해성 기후를 띠는 미국 캘리포니아가 세계 최대 오렌지 생산지인 것은 이러한 이유 때문이다. 캘리포니아는 포도와 오렌지와 같이 당도가 높아야 하는 과일의 최적 재배지다.

지중해성 기후가 나타나는 대표적인 나라가 그리스다. 지중해성 기후는 포도를 재배하기에 최적의 조건이다. 덕분에 그리스는 일찍부터 좋은 품질의 포도를 수확하여 세계 최초로 와인을 생산한 국가가 되었다.

Travel 5

냉대 기후에 적응한 숲과 사람들

-타이가 지대-

나무로 빽빽한 숲이 보입니다. 우리 땅의 숲과는 사뭇 다른 모습입니다. 나무의 크기를 가늠하기 어려울 만큼 모두 누가 누가 더 큰가 겨루듯이 하늘을 향해 곧게 뻗어 있습니다. 나무들은 모두 뾰족한 잎을 가진 침엽수입니다. 숲의 바닥과 나무를 덮고 있는 이끼도 보입니다.

크리스마스트리로 더 잘 알려진 이 침엽수는 가을이 되면 잎을 떨어뜨리는 낙엽수와 달리 연중 푸른 모습을 유지하기 때문에 상록수라고 부릅니다. 우리가 살고 있는 온대 기후의 숲은 온대활엽수림으로, 잎이 넓은 활엽수는 여름에 저장한 양분으로 겨울을 나기 위해 가을이 되면 잎을 떨어뜨립니다. 반면에 침엽수는 가늘고 긴 잎으로 일 년 내내 양분을 모을 수 있어 겨울의 혹독한 추위에도 푸른 잎을 유지합니다. 침엽수림이 분포하는 곳은 지구에서 가장 추운 냉대 기후 지역입니다. 사람들은 이 나무를 이용해서 집과 교회, 관공서 건물을 짓고 가구와 장난감을 만들고 크리스마스트리를 장식하면서 냉대 기후에 적응하며 살아왔습니다. 그러나 최근 지구온난화의 영향으로 침엽수림도 변화를 맞이하고 있습니다.

빽빽한 침엽수림 타이가

타이가의 분포

울창한 숲길에서 걸어 나와 밖에서 바라본 숲의 모습은 뾰족 잎 침엽수가 빽빽한 모습이다. 이러한 침엽수림을 러시아에서는 타이가(taiga), 북아메리카에서는 '북부의'라는 뜻의 그리스어 보리얼(boreal)이라 부른다. 타이가는 북위 50도에서 북극권 바로 남쪽에까지 이르는 숲 생물군계로, 더 북쪽에 있는 툰드라와 더 남쪽에 있는 혼합림 사이의 생태계다. 북극을 중심으로 이 침엽수림이 분포하는 지역을 살펴보자. 지도에 좀 더 진한 색으로 표시된 지역이 원시림의 1차 타이가 지역이고, 연한 색으로 표시된 지역이 인간에 의해 개발되어 형성된 2차 타이가 지역이다. 이 생태계는 지구의 육상 생태계 중에서 가장 넓

캐나다 밴프 국립공원의 타이가

은 면적을 차지하고 있으며, 대략 30퍼센트에 달한다.

좀 더 자세히 살펴보면 타이가는 북아메리카 대륙의 알래스카, 캐나다 북부, 미국의 최북단 지역을 차지하고, 유라시아 대륙에서는 스칸디나비아반도의 노르웨이, 스웨덴, 핀란드의 국토 대부분과 러시아의 상트페테르부르크에서 태평양 해안에 이르는 시베리아 전체, 카자흐스탄과 몽골 북부, 일본의 북해도까지 약 2,000만 제곱킬로미터(남한 면적의 약 200배)에 이른다.

크리스마스트리로 유명한 뾰족 잎, 침엽수

침엽수림은 추운 겨울과 짧은 여름이라는 특징을 가진 냉대 기후 지역의 숲으로, 가문비나무, 소나무, 전나무 등이 대표적인 수종이다. 이 나무들이 머릿속에 잘 그려지지 않아도 괜찮다. 보통은 모두 뭉뚱그려 크리스마스트리라고 부르는 나무들이다. 이 나무들을 구분하려면 먼저 가지에 바늘 같은 잎이 몇 개씩 돋아나 있는지를 살펴야 한다. 한 군데에 둘, 셋 혹은 다섯 개의 바늘잎이 돋아나 있

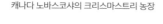

캐나다 노바스코샤의 크리스마스트리 농장

좌) 가문비나무
중) 전나무
우) 소나무

다면 소나무고, 가지에 바늘잎이 하나만 돋아나 있다면 가문비나무거나 전나무다. 또 잎을 하나 떼어 엄지와 검지 끝으로 굴렸을 때 납작해서 잘 굴려지지 않으면 전나무이고, 네 모서리가 있어서 잘 굴려지면 가문비나무다.

크리스마스트리 장식은 전 세계 어디에서나 흔히 볼 수 있는 풍경이다. 크리스마스 영화로 유명한 〈해리가 샐리를 만났을 때〉를 보면 해리와 샐리가 뉴욕 맨해튼 거리에 있는 전문매장에서 크리스마스트리를 사서 샐리의 아파트로 옮기는 장면이 나온다. 두 사람이 헤어지고 일 년 뒤, 다시 돌아온 크리스마스를 맞아 샐리가 새로 산 크리스마스트리를 힘겹게 혼자 나르는 장면이 나오는데, 이 장면은 이별 후에 겪게 되는 일상을 현실적으로 표현한 장면으로 유명하다.

플라스틱으로 만든 모형 크리스마스트리도 흔하지만, 미국이나 유럽에서는 여전히 진짜 나무를 거리나 마켓, 전문매장에서 구매해 차에 싣고 밧줄로 묶어서

캐나다 노바스코샤 위치

운반하는 모습을 심심치 않게 목격할 수 있다. 가끔은 지하철을 타고 혹은 걸어서 크리스마스트리를 직접 운반하는 사람들도 있다.

크리스마스트리 농장의 나무가 상품 가치가 있으려면 180센티미터 정도는 자라야 하는데, 보통은 성장 기간이 7년 정도가 소요되나 길게는 15년이 걸리기도 한다. 크리스마스트리를 구매하는 사람들은 농장에 와서 마음에 드는 나무를 직접 톱으로 잘라 집으로 운반한다. 미국에는 크리스마스트리 농장 약 1만 5,000개가 알래스카와 하와이를 포함한 50개 주에 고루 분포하는데, 재배면적이 무려 100만 에이커(서울 면적의 약 7배)에 달한다. 그리고 10만 명 이상의 사람들이 이 산업에 풀타임 혹은 파트타임으로 일하고 있다.

크리스마스가 지나면 이 나무들은 쓰레기 수거함 옆이나 길바닥에 버려진다. 잠시 집 안을 장식한 후 내다 버려지는 나무에 대한 우려와 환경 파괴에 대한 경각심이 커지는 가운데, 최근 파리에서는 크리스마스트리를 재활용하기 위한 수거함을 설치하여 시민들로부터 좋은 반응을 얻었다.

상록수, Evergreen

혹독한 추위에 적응하기 위해 넓은 잎 대신 바늘 같은 잎을 가진 침엽수는 겨울에도 잎을 떨어뜨리지 않기 때문에 '상록수'라고 부른다. 상록수가 빽빽한 침엽수림은 조금 따뜻한 타이가 지대로 가면서 온대 혼합림으로 식생이 바뀐다. 그리고 북아메리카와 아시아의 태평양 연안에서는 해양성 기후의 영향으로 강수량과 온도가 올라가면서 침엽수가 많은 온대 우림으로 바뀐다. 숲은 지역성에도 영향을 미치는데 미국의 북태평양 지역에 위치한 워싱턴주의 별명은 상록수주, 즉 에버그린주

워싱턴주의 별명인 상록수주

다. 워싱턴주의 경계를 넘을 때 만나는 환영 간판에도, 각 주마다 다른 모양인 자동차 번호 표지판에도 '에버그린'이라고 쓰여 있다. 이 지역 사람들이 상록수림, 즉 침엽수림에 얼마나 애착을 느끼는지를 알 수 있는 대목이다.

아극 기후, 극보다는 덜 추울까?

생물군계(바이옴)에 절대적인 영향을 미치는 중요 요인은 기후다. 타이가는 매우 춥고 긴 겨울과 짧은 여름이 특징인 아극 기후에 나타나는 삼림이며, 쾨펜의 기후 분류로는 냉대 기후에 속한다. 강수량과 기온은 지역마다 차이가 매우 큰데, 타이가 북부의 겨울 최저기온은 한대 기후보다 더 떨어지기도 한다. 실제로 북반구에서 기록된 최저기온은 러시아 시베리아 북동부 오이먀콘에서 1933년 2월에 관측된 영하 67.7도로, 인간이 거주하는 곳에서 측정된 기온으로는 최저다. 오이먀콘의 1월 평균기온은 영하 51.5도인데, 휴교령은 영하 52도 아래로 내려가야만 발령된다.

오이먀콘과 지구상에서 가장 추운 곳이라는 타이틀을 놓고 경쟁하는 베르그호얀스크•는 겨울이 9개월이나 지속된다. 그곳은 1월 평균기온이 영하 45.9도이고 7월 평균기온은 영상 15.9도로 올라간다. 한편 1988년 7월에는 기온이 37.3도를 기록하여, 최저기온과 최고기온의 차이가 무려 105.1도에 이르렀다. 베르그호얀

• 베르그호얀스크는 1892년 2월에 영하 67.8도를 기록하여 세계의 극한지로 유명세를 타기 시작했는데, 공식적인 기록이 아니라서 최저기온 기록을 오이먀콘에 내주었다.

바이옴

바이옴, 즉 생물군계는 살고 있는 생물 종에 따라 구분한 영역이다. 지역마다 기온, 토양, 일조량, 수분 등의 고유한 특징을 가지므로, 특정한 기후에 살고 있는 동식물은 그 특징에 적응하여 살아간다. 아마존 열대우림의 동식물과 북극 툰드라의 동식물이 확연히 구분되는 것은 그 때문이다. 얼마나 많은 생물군계가 존재하는지에 대해서 과학자들은 저마다 다른 주장을 한다. 하지만 일반적으로 적도 기준 북반구 방향으로 열대우림, 사막, 초원, 온대 낙엽수림, 타이가, 툰드라, 빙하 순의 생물군계로 구분한다.

베르그호얀스크산맥

스크는 이 기록으로 기네스북에 등재되었다.

지구상에서 가장 추운 곳은 어디일까? 관측점이 있는 곳만 비교하면 영하 89.2도를 기록한 남극 보스토크 기지가 가장 추운 곳이다. 최저기온만 비교한다면 남극이나 타이가 지역이나 비슷하다는 인상을 받을 수 있지만, 연평균 기온을 비교하면 완전 다른 이야기가 된다. 남극의 보스토크 기지는 연평균 기온이 영하 55.2도인 반면, 캐나다의 유콘 준주*는 영하 5.4도에 불과하다. 유콘 준주 도슨은 여름이 되면 눈이 녹기 시작해 5월부터 9월까지는 월평균 기온이 영상 5.9~15.3도로 올라 수목 성장과 작물 재배가 가능해진다.

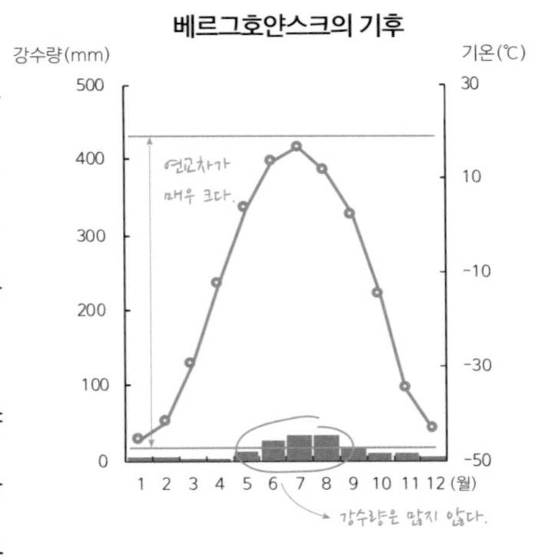

타이가의 우점종**은 가문비나무, 소나무, 전나무, 자작나무 등이다. 그 외의 관목이나 다른 식물은 거의 자라지 못하고 숲의 바닥은 두꺼운 이끼로 덮여 있다. 냉대 기후 지역은 기온이 낮아 미생물의 활동이 제한되어 식물의 부식이 일어나지 않아 땅에 영양분이 거의 없다. 거기다 땅이 얼어 있고 토양이 얕기 때문에

● 캐나다는 10개의 주와 세 개의 준주로 이루어진 연방국가다. 준주는 주의 자격에는 못 미치나 그에 비길 만한 행정구역으로 연방 행정 관할 아래에 있다. 지리적으로는 캐나다의 가장 북쪽에 위치한 유콘 준주, 노스웨스트 준주, 누나부트 준주가 이에 해당한다.

●● 특정 군집 안에서 다른 종들보다 더 많은 비율을 차지하는 종이다.

캐나다 유콘 준주의 도슨시와 유콘강의 여름

식물이 뿌리내리기도 쉽지 않다. 침엽수의 뾰족 잎이 떨어지면, 그 잎에서 나온 산성 물질에 의해 염기나 점토가 씻겨 나가 식물의 성장에 불리한 포드졸 토양이 나타난다. 러시아어인 포드졸은 '재 같은 흙'이라는 뜻으로 농부들이 밭을 일구려고 괭이질을 하니 땅속에서 재같이 하얀 모래가 나온 데서 유래한 말이다.

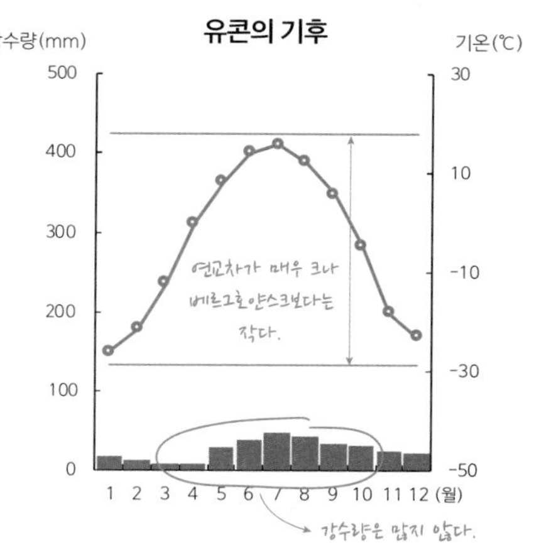

냉대 지역에서는 비교적 토양의 비옥도나 추위의 영향을 덜 받는 밀, 보리, 호밀, 귀리, 사탕무, 감자, 유채 등의 작물을 재배하거나 목초지에서 가축을 사육하는 경우가 많다. 한편 시베리아는 여름이 짧아 경작이 불가능한 지역이었으나 최근 지구온난화로 밀, 콩 등의 작물 생산이 가능한 지역이 점차 늘고 있다.

타이가는 나무의 종류가 많지 않은 단순림이어서 이곳에서는 빽빽이 뻗은 침엽수를 베어 곧고 긴 목재를 얻을 수 있다. 특히 침엽수는 재질이 무른 연재라 벌채와 가공이 편리하다. 따라서 이곳에서는 대규모의 목재, 펄프, 제지업이 발

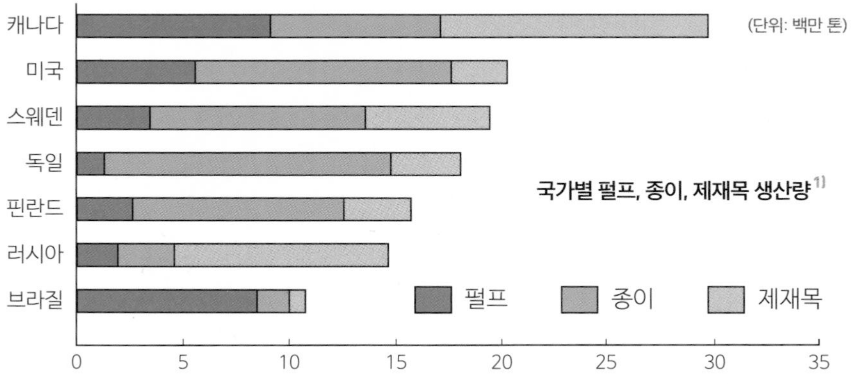

국가별 펄프, 종이, 제재목 생산량[1]

달했는데, 국가별 펄프, 종이, 제재목 생산량을 보면 북미와 북유럽, 그리고 러시아가 전 세계 임업을 선도하고 있음을 확인할 수 있다.

나무가 타이가 지역 사람들의 생활에 미친 영향

풍부한 산림자원을 가진 이 지역 사람들의 생활에서 목재는 빼놓을 수 없는 중요한 원료다. 여러 세기에 걸쳐 목재는 땔감으로 쓰였는데 집집마다 벽난로가

슈퍼마켓에서 파는 장작 묶음　　타이가의 목조주택

있는 캐나다나 미국 북부 지방에서는 슈퍼마켓 어디서나 쉽게 한 묶음으로 포장된 장작을 살 수 있다.

이 지역에서 나무는 가구와 장난감을 만드는 재료로, 집과 교회를 짓는 건축 재료로 쓰였다. 오늘날에도 많은 집과 공공건물을 나무로 짓고 있다. 최근까지 우리나라에 네 개의 지점을 오픈한 스웨덴 기반의 다국적 가구 제조기업 이케아는 스칸디나비아 지방 사람들의 독특한 생활 양식이 그대로 녹아 있는 디자인으로 유명하다. 이케아 가구의 가장 큰 특징은 나무를 주원료로 사용한다는 점이다.

개발과 지구온난화로 인한 타이가의 변화

타이가에서는 나무를 벌채하면서 동시에 새롭게 나무를 심어 숲을 조성한다. 하지만 숲을 베는 속도가 나무를 심는 속도보다 빠르기 때문에 타이가의 산림은 인간의 개발 압력에 점점 더 큰 위협을 마주하고 있다. 특히 시베리아 개발을 위해 이주해 온 사람들을 위한 많은 주택과 건물이 지어지면서 타이가가 직면한 위협은 더욱 심각해지는 중이다. 예를 들어, 부랴트공화국은 시베리아의 중남부, 바이칼 호수에 면해 있는데 1월 평균기온은 영하 22도로 낮지만 7월 평균기온은 영상 18도로 비교적 좋은 기후 조건(연평균 기온은 영하 1.6도)을 갖고 있다. 이 지역의 인구는 1926년 49만 명에서 2010년 98만 명으로 두 배나 증가

영구동토층

타이가의 토양은 영구동토층이라고 불리는 연중 얼어 있는 땅과 기반암층 위에 형성된다. 월평균 기온이 영하인 달이 반년 이상 계속되므로 땅속이 일 년 내내 언 상태다. 여름이 되면 일시적으로 지표의 온도가 올라가면서 토양이 녹아 활동층이 형성되는데, 영구동토층과 기반암이 불투수층을 형성해 이 활동층의 물이 배수되는 것을 막아 늪지를 형성하기도 한다. 활동층은 겨울에는 다시 언다.

했다.

사진 속 나무들을 잘 살펴보면 나무들이 제각각 다른 방향으로 기울어져 있다. '술 취한 숲'이라고 불리는 이 현상은 타이가의 토양 조건 때문에 생긴 것이다. 지구온난화로 타이가의 영구동토층이 녹으면서 땅이 꺼지게 되고, 그로 인해 뿌리가 얕은 나무들이 이리저리 기울어지게 된 것이다. 이런 현상은 알래스카와 시베리아에서 점점 더 확산되고 있다.

빽빽하게 들어찬 숲속 나무들의 모습이 찍힌 사진 한 장에서 출발한 우리의 여행은 멋진 호수와 숲이 어우러진 캐나다 밴프 국립공원으로 이어졌다. 크리스마스트리로 잘 알려진 뾰족 잎의 침엽수로 이루어진 타이가의 분포 지역은 냉대 기후 지역과 대체로 일치하는데, 혹독한 겨울과 짧은 여름에 적응한 것은 식물뿐이 아니다. 이곳에 사는 사람들도 이 기후에 적응하며 살아왔다. 집집마다 쌓인 땔감 나무와 벽난로 중심의 문화, 전 세계 펄프, 종이, 제재목 생산을 선도하면서 발달한 임업, 목조주택, 다국적 기업으로 성장한 가구 산업 등이 그 결과다. 한편 지구상 육상 생태계의 거의 30퍼센트를 차지하는 타이가 지역도 최근 지구온난화와 급격한 개발로 인해 심각한 위기에 직면하고 있다. 이 위기에 우리는 어떤 노력을 해야 할 것인가.

지형 여행

Arctic Ocean
Greenland
Alaska
REYKJAVIK
Atlantic Ocean
Pacific Ocean
Indian Ocean
West Siberian Plain
Lake Baikal
Tibet
Himalaya
Gobi Desert
Sahara
Libyan Desert
Ethiopian Highlands
Amazon River
Kalahari Desert
CARACAS
PANAMA
BOGOTA
LIMA
SALVADOR
BRASILIA
RIO DE JANEIRO
ACCRA
LAGOS
ADDIS ABEBA
KAMPALA
NAIROBI
MOMBASA
LUANDA
LUSAKA
MOZAMBIQUE
HARAR
BULAWAYO
JOHANNESBURG
TIMBUKTU
ALGERIA
CASABLANCA
MARRAKESH
TUNISIA
TRIPOLI
CAIRO
MOSCOW
BERLIN
PARIS
MADRID
LISBON
BAKU
TEHRAN
DELHI
BEIJING
SEOUL
TOKYO
HONG KONG
BANGKOK
HANOI
MANILA
PHNOM PENH
LAS VEGAS

Travel 6

말, 돌,
그리고 오름

-대한민국 제주도-

초록의 풀이 가득한 언덕에 한가로이 풀을 뜯는 말들이 보입니다. 도로 너머로 보이는 넓은 밭에는 초록의 작물들이 자라고 그 옆 아직 파종하지 않은 밭에는 짙은 검은색의 흙이 펼쳐져 있습니다. 멀리 뒤편으로 낮은 산과 언덕이 끝없이 이어지며 멋진 풍경을 만들어 냅니다.

제주도에는 오래전부터 자생종의 말이 있었지만, 현재와 가까운 제주마를 기른 것은 13세기 몽골의 영향입니다. 초록의 밭과 밭 사이 경계는 현무암을 쌓아 만든 제주의 밭담입니다. 제주도는 바람이 많기로 유명한데, 이러한 밭담이 무너지지 않은 것은 큰 돌들을 얼기설기 쌓은 덕에 바람이 지나갈 구멍이 존재하기 때문입니다. 제주도는 현무암질 용암에 의해 형성된 기반암의 영향으로 토양의 물 빠짐이 아주 좋아 주로 당근, 감자 등의 작물과 감귤을 재배하며 벼농사는 극히 일부 지역에서만 가능합니다. 밭 너머로 보이는 낮은 산들은 소규모 화산 폭발로 형성된 측화산인데, 제주도에서는 이를 '오름'이라고 부릅니다. 제주도에는 크기와 모양이 다양한 360여 개의 오름이 있습니다.

'조로모로' 달리는 제주馬!

제주도 말은 역사 기록에 제주마, 탐라마, 조랑말 등으로 표현되어 있다. 몽골어로 '조로모로'라는 단어는 "상하 진동 없이 매끄럽게 달린다."는 의미인데, 조랑말은 이 몽골어에서 유래되었다고 전해진다. 즉, 제주마는 몽골에서 들어온 말이라고 해석할 수 있다.

조금 더 자세히 제주마에 대한 역사 기록을 보자. 1273년 삼별초를 평정하고 제주에 탐라총관부를 세운 원나라는 남송과 일본과의 전쟁에 대비해 제주를 군사용 말 사육의 거점으로 삼았다. 1276년에 몽골의 말 160마리를 지금의 서귀포시 성산읍 일대(수산평)에 풀어 기르기 시작하면서 본격적인 말 사육이 시작된다. 몽골은 겨울철에 기온이 낮고 폭설이 잦아 가축들이 얼어 죽는 경우가 많았으므로, 그들의 입장에서는 제주도의 온화한 환경이 군마를 사육하기에 적합해 보였다. 이때부터 제주도는 원나라의 군마 생산기지 역할을 했다. 그러나 명나라에 의해 원나라가 멸망한 후, 1372년 제주에 남아 있던 원의 세력을 최영 장군이 소탕하면서 100년 가까운 원의 군마 생산기지 역할도 끝나게 되었다.

당시 말은 군사용 이외에 외교 문제를 해결하는 데도 중요한 수단으로 쓰였기에 원이 멸망한 이후에도 목마장은 계속 유지되었다. 또한 전국에 목마장 설치가 확대되면서 제주의 기존 목마장도 증축과 개축이 이뤄졌다. 조선 시대 들어 1429년에는 한라산에 국영 목마장을 설치하며 목장의 경계선에 돌담을 쌓았다. 이러한 돌담을 '잣' 또는 '잣담'•이라고 하는데, 해발고도 150~250미터 일대의 잣담을 하잣담, 450~600미터 일대의 잣담을 상잣담이라고 부른다. 하잣담은 말들이 농경지에 들어가 농작물에 피해를 주는 것을 예방하기 위해서, 상잣담은 말들이 숲속으로 들어가 잃어버리거나 얼어 죽는 것을 방지하기 위해서 만들어졌다. 임진왜란으로 황폐화되었던 국영 목마장은 숙종 때 재정비를 거친 후 1704년 10개로 통폐합되었다.

• 잣성이라 부르기도 하지만 정확한 표현은 잣담이다.

목마장의 잣담

갑오개혁의 영향으로 국영 목마장이 폐지되면서 목마장들은 관리가 소홀해졌다. 이에 조선총독부는 소와 말의 생산을 늘리기 위해 공동목장조합을 조직하여 운영하도록 명령했다. 그 결과 1930년대에는 110여 개의 공동목장조합이 제주도 전역에 설립되었다. 공동목장은 지역 주민의 공동체 의식 향상, 목초지 유지, 전통문화 보존에 큰 역할을 했다. 하지만 근대 이후 관광 산업을 위한 시설들이 늘어나고, 토지 소유권에 대한 분쟁이 일어나면서 최근에는 50여 개의 공동목장만이 남아 있다.

정리하면 제주도에서는 고려 시대 몽골의 목축문화가 전해지면서 본격적인 목축이 시작되었다. 조선 시대에는 국영 목마장을 운영하며 조선식 목축문화가 형성되었고, 일제 강점기에는 공동조합이라는 일본식 목축문화가 들어왔다. 그렇게 제주의 목축문화는 몽골, 조선, 일본이 융합된 형태로 발전하다가 1970년대부터는 기업형 목장이 들어서며 지금의 모습이 되었다.

제주마

제주마는 천연기념물 제347호로 지정되어 있다. 제주마의 평균 키는 119~122센티미터고, 평균 몸길이는 122~124센티미터로 체구가 작다. 제주도의 토양은 화산회토 성분으로 푸석하여 바람에 잘 날리기 때문에 밭을 밟아 주는 데 필요한 제주마는 농가의 필수적인 가축이었다.

'벵듸'에서 뛰어노는 제주馬!

제주도의 해발고도 200~600미터 지역인 중산간 지대에는 말을 키우는 목축장이 많이 분포하고 있다. 많은 말을 사육하기 위해서는 말이 풀을 뜯고 뛰어놀 수 있는 넓고 평평한 땅이 필요하다. 제주도는 온화하고 강수량이 많아 목초지 조성에 유리한 기후조건을 가지고 있다. 특히, 제주도의 중산간 지대는 용암이 지각의 틈을 뚫고 흘러나와 넓게 흐르면서 만들어진 용암대지 지형으로 완만한 평지를 이루고 있다. 제주도의 중산간 지대는 이러한 자연조건으로 대규모의 목축장이 만들어질 수 있었다. 하지만 이 중산간 지대가 처음부터 초지대였던 것은 아니었다. 말을 대규모로 사육하기 시작하면서 나무를 베어 내고 인공적으로 초지를 만든 것이다. 제주도의 자연조건과 사람들의 인위적 노력 덕분에 중산간 지대에서 많은 말들을 키울 수 있었다.

고도가 높아지면 기온이 낮아지고, 이에 따라 생장할 수 있는 수종이 달라진다. 우리나라에서 식생의 수직적 분포를 잘 보여 주는 곳이 바로 한라산이다. 고도가 낮은 곳은 난

한라산 식생의 수직적 분포

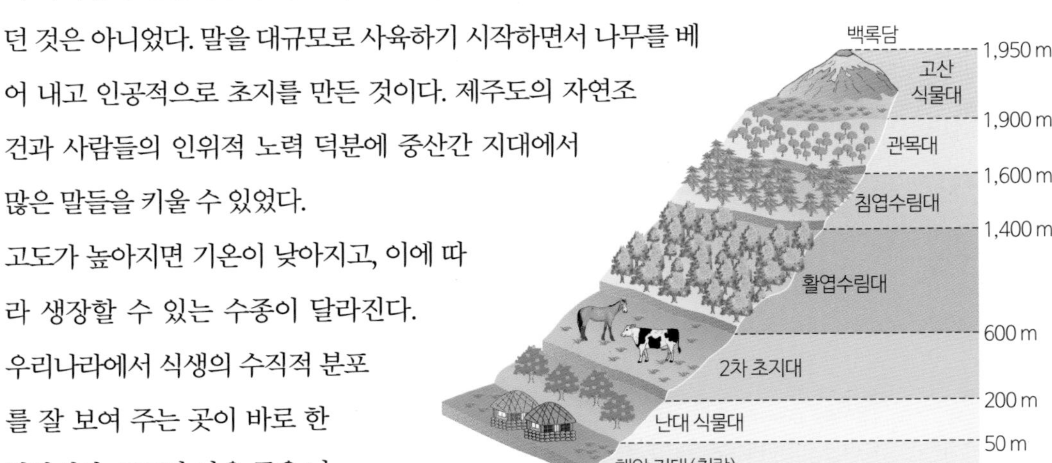

용암대지

용암대지(Lava Plateau)는 점성이 작고 유동성이 큰 현무암질 용암이 폭발하지 않고, 지각의 틈을 뚫고 나와 주변 지역의 높고 낮은 지표면을 모두 뒤덮어 평평해진 지형이다.

대림이 생장하고, 고도가 높아지면서 온대림 그리고 냉대림이 생장한다. 이러한 한라산의 식생 분포에 따르면 해발고도 200~600미터 지역은 온대림이 나타나야 한다. 하지만 이곳에는 목축장을 만들기 위해 인위적으로 만든 초지대가 펼쳐져 있고, 이를 2차 초지대라 부른다.

제주도 사투리로 중산간 지대의 초지대를 '벵듸'라고 한다. 제주환경운동연합은 '벵듸'를 '주변 지역보다 상대적으로 조금 높고 넓고 평평한 산간 초지'로 정의했다. 즉, 벵듸는 제주도 중산간 지대의 용암대지 위 오름과 오름 사이의 넓은 들판이다. 고려 시대부터 지금까지 제주도에서는 이 벵듸에서 제주마를 키워왔다.

'곤밥'을 먹기 힘든 이유

제주도의 토양

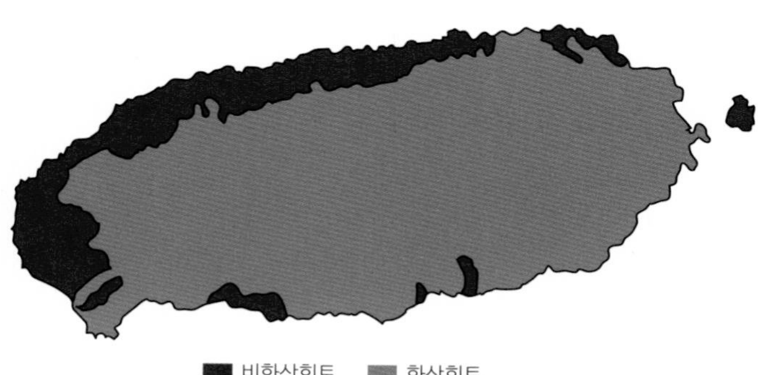

옛날 제주도 사람들은 쌀밥을 '곤밥'이라고 불렀다. 명절 혹은 제사 때나 먹을 수 있는 고운 밥이라는 뜻인데, 그만큼 귀한 음식이라는 의미가 담긴 표현이다. 제주도에서 이처럼 쌀밥이 귀했던 이유는 무엇이었을까? 벼는 물이 많이 필요한 작물이라 경작지에 물을 가둬 둘 수 있어야 하는데, 제주도는 물을

하논

제주도 대정, 한경, 안덕, 강정 등의 지역에서는 물을 끌어다 벼농사를 짓기도 했다. 하지만 지금은 다 없어졌고 현재 유일하게 벼농사를 하고 있는 곳은 '하논'이다. 하논은 수증기-마그마 폭발로 인해 형성된 대규모 화산체다. 이곳의 분화구 바닥에 퇴적물이 쌓이면 습지가 되는데, 이 습지를 개간하여 벼농사를 짓는 것이다. 1485년 하논에서 벼농사를 지었다는 최초의 기록이 남아 있다. 하논은 '커다란 논'이라는 뜻이다.

가둬 둘 수 있는 토양이 아니기 때문이다. 제주도의 농업을 이해하기 위해서는 기반암•과 토양의 특성을 알아야 한다.

제주도는 현무암이 기반암이다. 현무암질 용암은 용암이 급하게 식으면서 가스가 빠져나온 자리에 구멍(기공)이 생기고, 또 암석 사이에 틈새(절리)가 생긴다. 이로 인해 제주에서는 지표에 흐르는 물이 쉽게 지하로 빠져 나가 지표수가 부족하다. 바로 이것이 논농사보다 밭농사의 비중이 높은 이유다.

제주도의 토양은 검정색, 흑갈색 등 짙은 색을 띠는데 그 이유는 화산분출물이 모재••가 되어 만들어졌기 때문이다. 특히 화산재가 지표나 수중에 쌓여 만들어진 화산회토는 제주도 토양의 77퍼센트를 차지한다. 주로 검정색을 띠는 화산회토는 가볍기 때문에 바람이나 빗물에 쉽게 쓸려 내려가고, 물 빠짐이 뛰어나 논농사에는 불리하다. 주로 적갈색을 띠는 현무암 풍화토는 현무암이 풍화되어 만들어졌는데, 화산회토에 비해 비교적 점토질이 많고 비옥한 편이다. 하지만 제주도의 토양층이 두텁지 않기 때문에 논농사를 위해 물을 가둬 둘 수 있는 조건을 만들지는 못한다. 즉, 제주도는 논농사에 적합하지 않은 기반암과 토양 조건 때문에 밭농사가 주를 이룬다.

• 겉흙의 아래에 놓여 있는 굳은 암석

•• 토양의 재료가 되는 광물과 유기물

구불구불 이어진 밭담

하늘에서 바라본 제주도 밭담

제주로 가는 비행기가 곧 착륙할 것이라는 기장의 안내방송이 나오면 창밖을 바라보자. 세상에서 가장 아름다운 그림이 펼쳐질 것이다. 선명한 검은색의 현무암들이 곡선을 이루며 밭과 밭을 경계 짓고 있는 제주도의 밭담은 그 길이만 해도 2만 킬로미터가 넘는다. 이는 6,400킬로미터 만리장성의 3배가 넘는 길이로, 구불구불 이어진 검은 밭담이 흑룡이 꿈틀거리는 것 같다 하여 '흑룡만리(黑龍萬里)'라 부르기도 한다.

이러한 아름다운 풍경이 만들어진 것은 고려 시대다. 당시에는 밭의 경계가 분명하지 않아 수확을 마치고, 다시 파종할 때마다 남의 밭을 침범하는 일이 부지기수였다. 지방의 권세가들이 모호한 토지 경계를 이유로 토지를 빼앗는 경우도 많았다. 그래서 1234년에 제주 판관으로 부임했던 김구는 권세가의 토지침탈을 방지하기 위하여 밭과 밭의 경계를 명확히 구분하는 '돌담'을 쌓게 했다.

산담

제주도에서는 무덤을 '산'이라고 하고, 무덤을 둘러싼 돌담을 '산담'이라고 부른다. 전형적인 산담은 직사각형 모양으로 되어 있는데, 담의 양쪽 가장자리에 큰 돌을 쌓고 그 내부는 작은 돌을 채워 넣는다. 보통은 그 높이가 1미터가 넘지 않는다. 특이한 것은 산담의 한쪽에 사람이 드나들 수 있는 크기로 구멍이 뚫려 있는데, 이를 신이 드나드는 문이라 여긴다.

이것이 제주 돌담의 유래다. 돌담은 경작지를 구분해 주는 데다 바람을 막아 주는 방풍의 효과가 있으며, 소나 말이 곡식을 해치지 못하게 한다.

제주의 돌담은 아주 다양하다. 밭의 경계로 쌓은 밭담, 집 주위를 두른 울담, 목축장의 잣담, 바다 속 원담, 무덤가에 쌓은 산담 등이 있으며 환해장성* 등의 성담도 있다. 돌담은 제주의 척박한 자연환경을 지혜롭게 극복한 방법이었다. 큰 돌들을 얼기설기 쌓았기 때문에 태풍의 영향이 잦은 제주에서 바람에 무너지는 일 없이 바람을 줄이고, 토양의 유실도 막는다. 또한 제주도의 지질 특성으로 인해 토지에 돌이 많았는데 이 돌들을 효과적으로 제거, 활용한 것이다.

* 적의 침입을 막기 위해 제주도 해안선을 따라 쌓은 2~3미터 높이의 성벽이다.

옥황상제가 던져 버린 오름

제주도 한가운데 우뚝 솟아 있는 한라산 정상에는 '백록담'이라는 큰 호수가 있다. 흰 사슴(白鹿)이 무리지어 이 호수의 물을 마셨다 하여 붙여진 이름이다. 백록담 주변에서는 사슴을 많이 볼 수 있는데, 사슴과 관련된 재미있는 설화가 있다. 옛날 사냥꾼이 한라산에서 사슴 사냥을 하다 정상 부근까지 올라오게 되었는데, 그만 실수로 사슴을 겨눈 화살이 옥황상제의 엉덩이를 맞히고 말았다. 화가 난 옥황상제는 한라산 정상부를 뽑아 던져 버렸는데, 그것이 서귀포시 대정

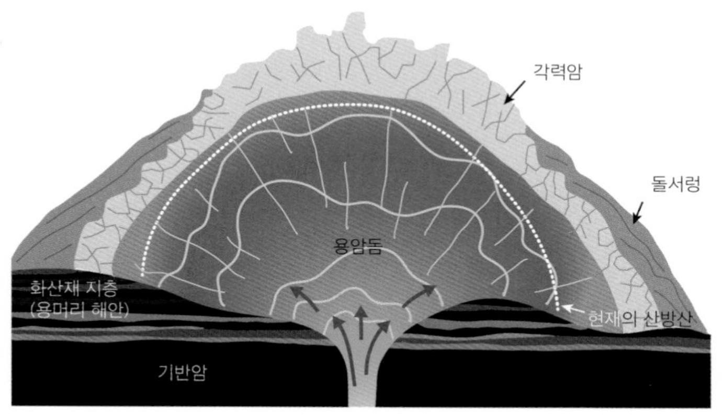

산방산의 형성 과정

읍에 있는 산방산이라는 것이다. 실제 백록담과 산방산은 크기와 형태가 비슷해서 이 설화가 사실이 아닌가, 혹은 한라산의 분화 과정에서 백록담의 정상부가 폭발에 의해 날아간 것이 아닌가 하는 궁금증을 자아내기도 한다. 하지만 한라산의 백록담은 약 2~5만 년 전에 형성된 반면 산방산은 그보다 훨씬 이전인 70만 년 전에 만들어진 것이어서 형성 시기에 큰 차이가 있다. 백록담과 산방산에 대한 설화는 과학적 증거는 없는 것으로 밝혀졌다.

제주도는 대부분 현무암질 용암에 의해 형성된 지형이지만 산방산은 현무암질보다 점성이 크고 유동성이 작은 용암(안산암, 조면암)에 의해 만들어졌다. 끈적끈적한 용암은 쉽게 흐르지 못하기 때문에 지표를 뚫고 나온 용암이 화구 주변으로 겹겹이 쌓여 커다란 돔 모양의 화산체가 되는데 이를 '용암 원정구'라고 한다. 쉽게 설명하자면 우리가 양치질할 때 사용하는 치약을 입구를 위로 향하게 한 상태에서 계속 짜면 치약이 주변으로 흐르지 못하고 겹겹이 쌓이는 형상과 유사하다고 할 수 있다. 산방산은 형태와 형성 과정이 제주에서도 보기 드문 독특한 오름이다.

산방산과 그 뒤의 한라산

'송이'로 만들어진 오름

송이

한 화장품 회사에서 피지와 노폐물에 대한 흡착력이 뛰어나다며 제주 '화산송이'로 만든 세안 제품을 출시한 적이 있다. 제품의 성능과 효과는 잘 모르겠지만, 송이를 제주에서 많이 구할 수 있는 것은 사실이다. 제주도 사투리인 '송이'의 정식 명칭은 '스코리아(scoria)'다. 제주도의 현무암질 용암에 의해 만들어진 스코리아는 보통 검정색이고, 가스가 빠져나간 흔적인 기공이 많은 것이 특징이다. 일부 화산체에서는 붉은색 스코리아를 볼 수 있는데, 이는 마그마에서 올라온 뜨거운 증기에 의해 산화된 것이다.

소규모 화산 분화가 일어나면 지하의 마그마가 분출되면서 분출물들이 대략 500미터 상공으로 날아간다. 이 과정에서 크기가 작은 화산재는 멀리 날아가고, 큰 알갱이의 스코리아가 화구 주변에 쌓이면 원뿔 모양의 화산체가 만들어지는데 이러한 오름이 스코리아 콘이다. 제주도의 360여 개 오름 중 상당수가 원뿔 모양을 하고 있으며, 제주시 구좌읍에 있는 다랑쉬 오름은 대표적인 스코리아 콘으로 원뿔 모양의 화산체를 잘 보여 준다.

스코리아 콘이 만들어진 이후 다시 현무암질 용암이 화구에서 흘러나오면, 원뿔 모양 화산체의 한쪽이 붕괴되고 그쪽으로 스코리아가 용암에 실려 멀리까

다랑쉬 오름

부대 오름

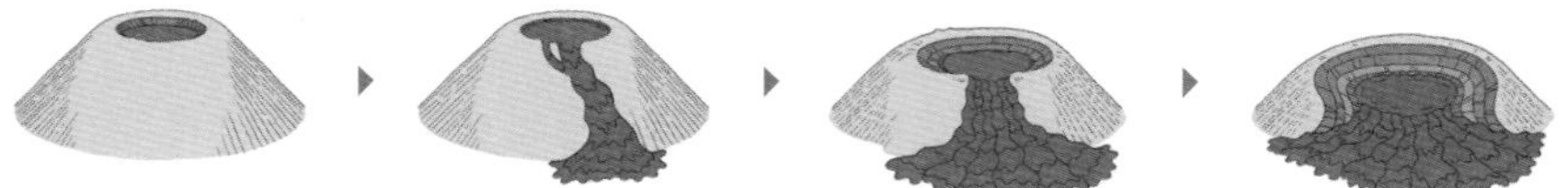

말발굽형 스코리아 콘 형성 과정

지 흘러간다. 결국 화산체는 마치 말발굽과 같은 형태가 되는데, 이러한 오름이 말발굽형 스코리아 콘이다. 제주시 조천읍에 있는 부대 오름이 대표적이다. 제주도에 있는 오름들은 스코리아 콘이 만들어지고, 다시 용암이 흘러내려 붕괴되는 과정을 거치면서 제각각 다양한 볼거리를 제공한다.

바닷가의 오름

아무것도 들어 있지 않은 냄비에 계속 열을 가하면 냄비는 뜨겁게 달궈진다. 상상해 보자. 그 냄비에 물을 부으면 치익 하는 소리가 나면서 뜨거운 수증기가 갑자기 생겨난다. 만약 뚜껑을 덮어 놨다면 수증기가 만들어 낸 압력에 의해 뚜껑이 들썩들썩했을 것이다. 지하에서 2,000도에 가까운 현무암질 마그마가 지표로 솟아오르는 순간 바닷물이 유입된다면 엄청난 수증기가 만들어진다. 그런데 수증기가 빠져나갈 출구가 없는 상태라면 마그마가 있는 지하에는 상당히 큰 압력이 만들어진다. 그 압력으로 지표면에 균열이 생겨 폭발이 일어난다면 마그마가 가지고 있는 폭발력에 수증기가 만들어 낸 엄청난 압력까지 더해져 대규모 폭발이 일어나게 된다. 이러한 분화를 '수증기-마그마 폭발'이라고 부른다. 제주도의 바닷가에 가면 이러한 수증기-마그마 폭발로 인해 만들어진 큰 오름을 볼 수 있다. 이러한 오름은 폭발력이 큰 만큼 화산체의 크기도 대체로 매우 크다. 일반적인 화산 폭발에서는 크기가 작은 화산재가 멀리 날아가지만, 수증기-마그마 폭발로 인한 수증기가 섞인 화산재는 멀리 날아가지 못하고 진흙의 형태로 화구 근처에 쌓인다. 이렇게 화산재가 뒤엉킨 상태로 쌓여서 형성된 암석을 응회암이라고 한다. 응회암으로 구성된 큰 규모의 화산체를 응회구라고 하고, 이보다 규모가 큰 것을 응회환이라고 부른다. 응회구와 응회환은 앞에서 이야기한 일반적인 스코리아 콘 형태의 오름과는 크기와 구성 물질이 확연히 다르다.

제주도에서 해돋이 장소로 가장 유명한 성산 일출봉은 직접 눈으로 보면 소름

성산 일출봉

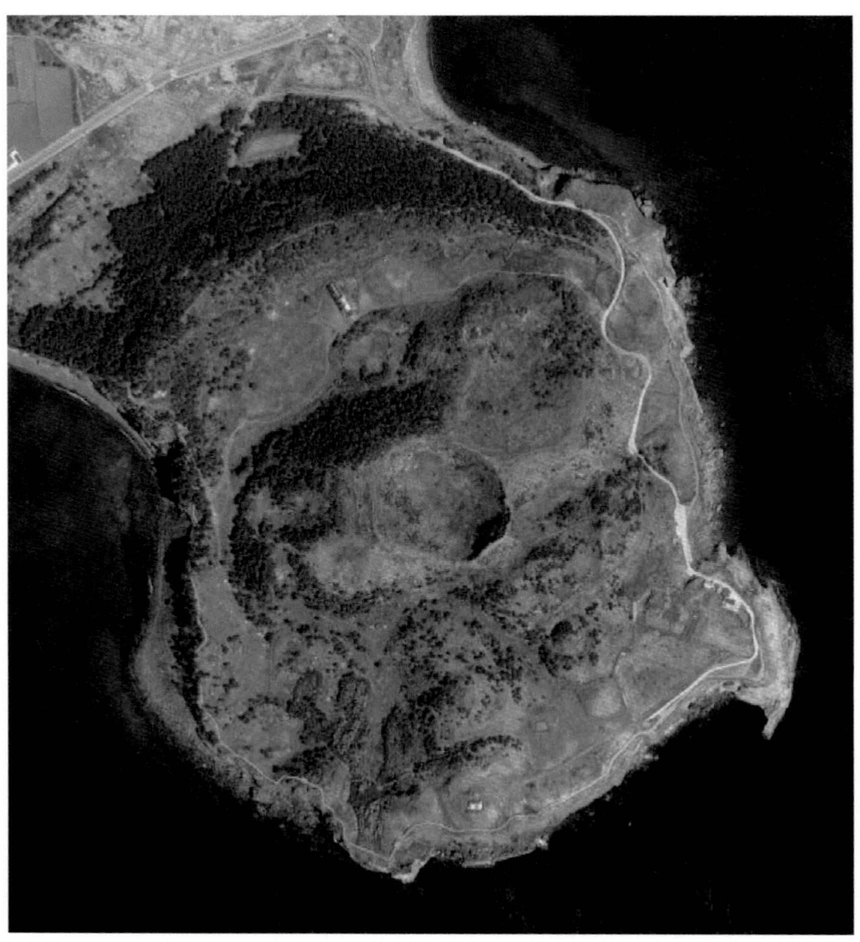

송악산

이 돋을 정도로 웅장함을 느낄 수 있는 큰 화산체로 대표적인 응회구다. 그리고 옥황상제가 화가 나서 백록담의 정상을 뽑아 던져서 만들어졌다는 산방산의 남서쪽에 있는 서귀포시 대정읍의 송악산은 대표적인 응회환이다.

제주도를 자주 여행하는 사람이라도 360여 개의 오름을 모두 가 보기란 쉽지 않은 일이다. 그렇다면 오름을 종류별로 답사해 보는 건 어떨까? 해안가를 따라 응회구와 응회환을 보고, 안쪽으로 들어가서 스코리아 콘과 말발굽형 스코리아 콘을 보는 것도 괜찮은 여행 코스가 될 것이다. 그리고 독특한 용암 원정구도 빼 놓으면 안 될 것이다.

대한민국이지만 이국적인 경관과 문화를 가진 섬 제주도에는 일 년 내내 많은 사람이 찾는다. 이곳을 찾은 사람들은 대부분 관광 안내 책자에 있는 여행지를 찾아 아름다운 추억을 사진으로 남긴다. 하지만 그와 더불어 제주도를 만들어 낸 화산지형을 조금 더 들여다본다면 관광 안내 책자에 소개되지 않은 신비롭고 아름다운 경관이 주는 경이로움을 느낄 수 있다. 또한 제주인의 삶도 더 깊이 이해할 수 있다. 만약 제주에 흠뻑 빠져들고 싶다면 제주의 지형을 먼저 들여다보기를 권한다.

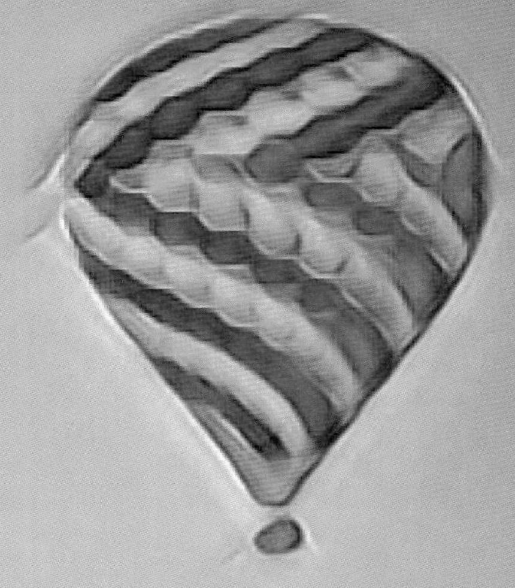

Travel 7

요정의 숲

-터키 카파도키아-

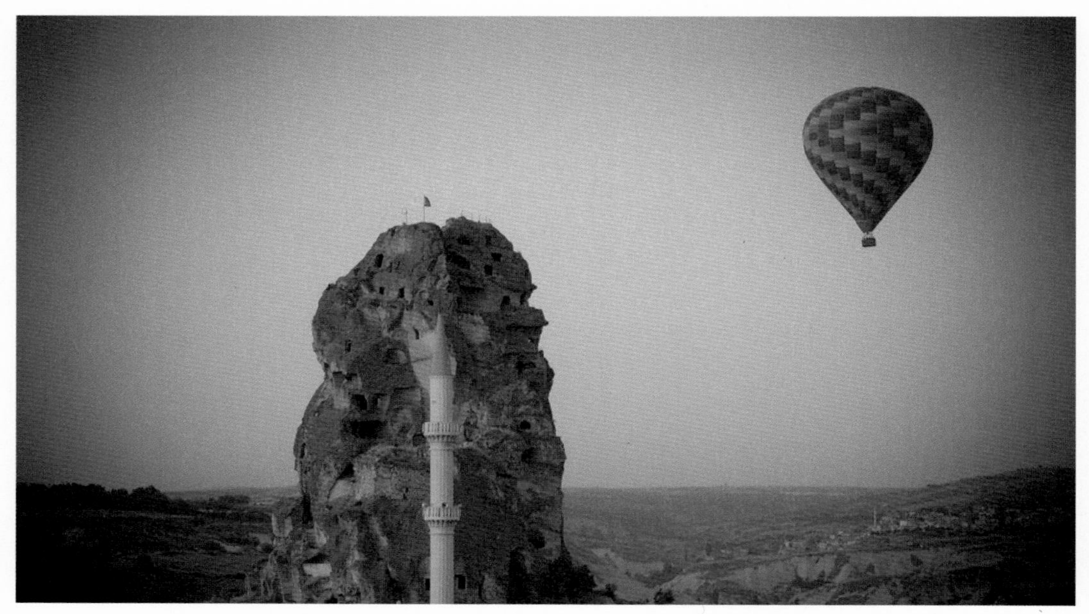

뾰족한 첨탑 뒤로 바위산이 보입니다. 바위산에는 여러 개의 구멍이 뚫려 있고 정상에는 붉은색 깃발이 나부낍니다. 하늘에 한가로이 떠 있는 열기구가 바위산과 평원을 내려다봅니다.

바위산 너머로 아득히 지평선이 보이는 이곳은 터키입니다. 바위산 위에 나부끼는 붉은 깃발은 터키의 국기이고, 바위산은 오르타히사르 마을의 성채입니다. 오르타히사르 마을은 터키 중앙 아나톨리아 고원 네브쉐히르주에 있습니다. 이곳은 예전에 소아시아로 불리며 실크로드 대상 행렬이 지나던 곳으로, 카파도키아라고도 불리는 지역입니다. 바위산은 로마의 박해를 피해 이곳으로 이주해 온 기독교인들이 동굴을 만들어 천연 요새로 이용했던 곳입니다. 화산재가 쌓여 만들어진 응회암이 침식과 풍화 과정을 거쳐 아름다운 경관으로 펼쳐집니다. 동이 틀 무렵 열기구를 타고 하늘로 올라가면 아침 해가 비치는 카파도키아의 계곡과 기암괴석을 만날 수 있습니다. 동틀 무렵 카파도키아의 하늘 위로 일제히 날아오르는 열기구는 또 하나의 장관을 연출합니다.

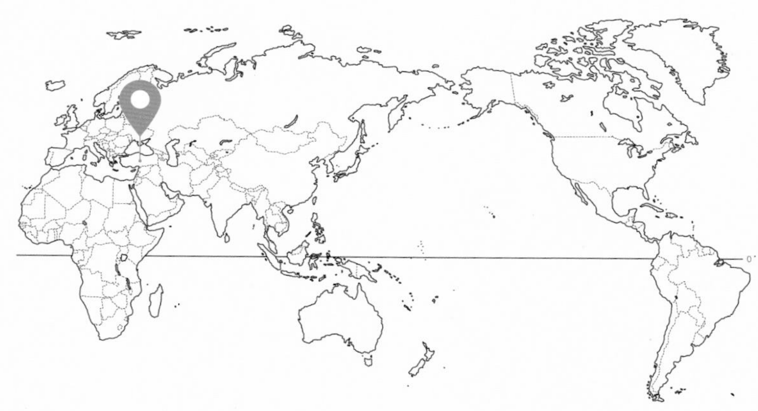

카파도키아는 어떤 곳일까?

아시아의 서쪽 끝, 유럽이 시작되는 곳 터키. 터키가 속해 있는 아나톨리아반도는 북쪽으로 흑해, 북서쪽으로 마르마라해, 서쪽으로 에게해, 남쪽으로 지중해로 둘러싸여 있다. 아나톨리아는 그리스어로 '아나토레'라고 하는데, 이는 태양이 솟는 곳이라는 뜻이다. 고대 지중해의 패권을 장악했던 페니키아인들은 지중해를 세계의 중심으로 보고 아나톨리아반도를 해가 뜨는 동쪽의 땅 아시아로 부른 것이다. 이후 지리적 인식이 확대되면서 아나톨리아반도를 중심으로 하는 동쪽 땅은 소아시아라 불리며 실크로드의 대상 행렬이 지나는 길목이 되었다.

터키 중부 아나톨리아 고원 일대를 지칭하는 말이 카파도키아(Cappadocia)다. 카파도키아는 고대 페르시아어로 '아름다운 말들의 땅'이라는 뜻이다. 만화 〈개구쟁이 스머프〉의 작가 피에르 컬리포드가 이곳에서 영감을 얻어 스머프들이 사는 버섯 마을을 탄생시켰다고 한다. 카파도키아는 터키의 수도 앙카라에서 동남쪽으로 300킬로미터 정도 떨어진 곳으로, 면적은 우리나라의 4분의 1 수준인 약 2만 5,000제곱킬로미터다. 카파도키아 일대는 수백만 년 전 에르시예스

아나톨리아반도의 터키

산이 여러 번 폭발하면서 화산재와 용암이 수백 미터에 걸쳐 쌓이고 굳어져 응회암과 용암층의 지형을 만들었다. 이후 시간이 흐르면서 풍화와 침식에 의해 오늘날과 같은 불가사의한 버섯 모양의 바위와 기암 및 협곡이 형성되었다.

카파도키아는 히타이트 시대부터 실크로드의 길목으로 동서양을 연결하는 교역로로 번성했다. 4세기 후반부터 기독교 수도사들이 로마의 박해를 피해 응회암과 용암층 지대에 동굴을 파고 거주하기 시작했고, 이후에는 이슬람교도의 박해와 탄압 속에서 기독교 신앙을 지키며 프레스코 기법으로 그린 동굴 벽화를 남기기도 했다. 이는 오늘날까지 남아 있어 관광객들이 즐겨 찾는 곳이 되었다.

대표 관광 도시 괴레메

카파도키아의 대표적 관광 도시로 괴레메를 들 수 있다. 괴레메는 응회암으로 이루어진 초현실적인 경관과 동굴 교회, 로즈 밸리 등 특이한 경관을 볼 수 있

카파도키아의
대표 관광 도시 괴레메

는 도시다. 버섯 모양의 바위와 동굴이 밀집해 있어 도시 전체가 국립공원으로 지정되어 있고, 1985년에는 유네스코 세계문화유산에 등재되었다. 괴레메라는 지명은 '보이지 않는'이라는 뜻으로, 기독교와 이슬람교 사이의 종교적 충돌이 끊이지 않던 곳에서 기독교인들이 박해자의 눈을 피해 동굴 교회와 수도원, 지하도시 등을 만들어 생활한 것에서 유래했다.

카파도키아로 이주해 온 초기 기독교인들은 굴을 파기 용이한 응회암의 특성을 이용하여 바위에 굴을 파고 들어가 생활했는데, 동굴은 몸을 숨길 수 있을 뿐 아니라 여름에는 서늘하여 더위를 피하고 겨울에는 한파를 이겨 내기에 적합했다. 또한 동굴의 입구가 암벽의 높은 곳에 나 있어 적들이 쉽게 침입할 수 없었다. 그 결과 독특한 주거 형태가 만들어졌다.

기독교와 카파도키아의 지하도시

『성경』 사도행전 21장 39절을 보면 "바울이 이르되 나는 유대인이라 소읍이 아닌 길리기아 다소 시의 시민이니 청컨대 백성에게 말하기를 허락하라 하니"라고 쓰여 있다. 이로써 사도 바울이 터키에서 태어났음을 밝히고 있다. 『성경』에 따르면 터키에는 사데, 에베소, 버가모, 서머나, 두아디라, 빌라델비아, 라오디게아 등 소아시아의 일곱 교회가 있었으며, 이곳은 사도 바울이 전도 여행을 통해 활동하던 주 무대이기도 했다.

괴레메의 동굴 교회

터키에는 비잔티움(동로마) 제국의 수도 콘스탄티노플이 있었으며, 콘스탄티노플은 1453년 오스만 제국의 술탄 메흐메트 2세에 의해 함락되면서 이스탄불로 불리게 되었다. 이스탄불을 여행하는 사람들이 꼭 방문하는 성 소피아 성당은 360년 콘스탄티누스 2세 때 건축되었다. 건축

이후 몇 차례의 화재와 파괴를 경험하고 537년 유스티니아누스 1세에 의해 재건되었다. 1453년 오스만 제국에 의해 점령된 후에는 이슬람의 모스크로 사용되었는데, 1934년 아타튀르크 대통령과 의회의 결정으로 1935년 박물관으로 관광객들에게 공개되었다. 그러나 2020년 7월 성 소피아 성당은 다시 모스크로 전환되었다.

『성경』 베드로전서 1장 1절에는 "예수 그리스도의 사도 베드로는 본도, 갈라디아, 갑바도기아, 아시아와 비두니아에 흩어진 나그네"라는 표현으로 초기 기독교인들이 아나톨리아반도 여러 곳에 흩어져 거주하고 있었음을 적시하고 있다. 그들은 원추형과 버섯 모양의 암석들이 늘어서 있는 황량하고 황폐한 땅에서 로마의 박해를 피해 동굴 교회를 만들고 지하도시를 건설하여 신앙을 지켜 나갔다. 관광객들에게 카파도키아의 명물로 알려진 데린쿠유와 카이막클르의 지하도시는 초기 기독교인들이 숨어 예배를 드리던 동굴 교회를 중심으로 건설되었다.

'깊은 우물'이라는 뜻의 데린쿠유는 가장 대표적인 지하도시로 괴레메에서 약 30킬로미터 거리에 있으며, 지하 80미터에 교회와 주택, 학교, 우물, 식량창고,

이스탄불의 성 소피아 성당

데린쿠유 지하도시의 구조

환풍로 등이 갖추어져 있다. 수직 방향으로 환기와 환풍이 잘 이루어질 수 있도록 건설되었는데, 환풍로를 중심으로 양옆에 생활 공간이 수평으로 배치되어 있다. 실제로 데린쿠유에는 약 2만 명의 사람들이 살았다고 하는데, 지하도시 카이막클르와도 연결되어 있다. 에네굽이라 불리기도 했던 카이막클르 역시 수직 방향의 통로를 통해 환기가 이루어졌고 생활 공간이 수평으로 미로처럼 배치되어 있다. 이곳의 돌벽에 새겨진 십자가를 통해 박해를 피해 은둔하던 기독교인들의 마음을 짐작해 볼 수 있다.

카파도키아 하늘을 수놓는 열기구

1923년 터키공화국이 설립되면서 스위스 로잔에서 체결된 「그리스와 터키 인구 교환에 관한 협정」에 의해 카파도키아에 거주하던 약 150만 명의 그리스 정교를 믿는 기독교인들이 터키에서 그리스로 이주했다. 그리고 그리스 영토에서 이슬람을 믿는 약 50만 명의 무슬림들이 터키로 이주했다. 이로 인해 이제는 카

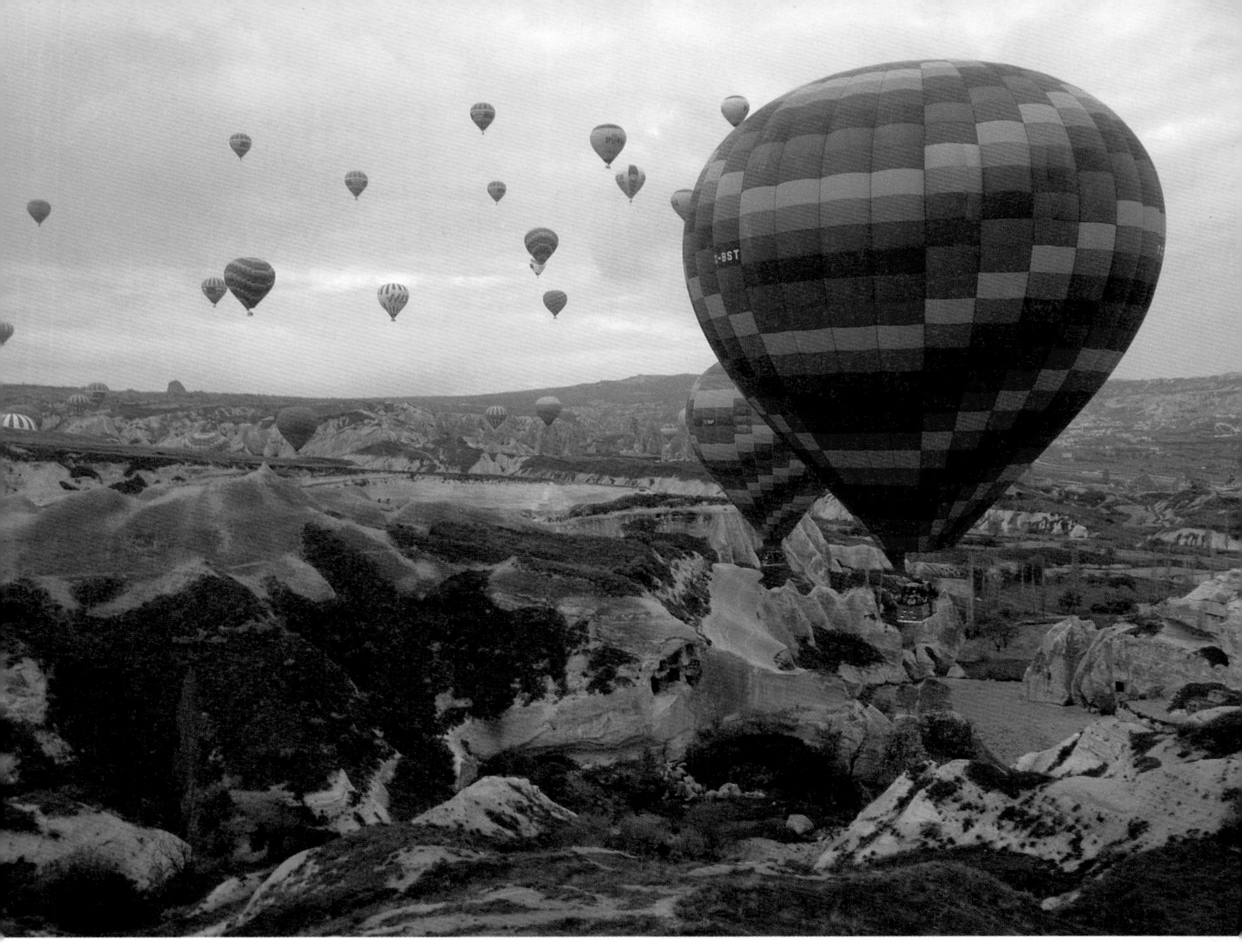

카파도키아의 열기구 투어

파도키아에서 초기 기독교인을 볼 수는 없다. 그러나 그들이 남긴 생활 터전과 프레스코화 등과 함께 응회암과 용암층으로 형성된 자연경관은 터키의 대표 관광지로 남아 있다. 특히 동이 틀 무렵 열기구를 타고 이 지역을 둘러보는 것은 매우 인기 있는 관광상품으로, 다양한 열기구 업체가 여러 코스의 투어를 제공하고 있다. 수십 개의 오색 열기구가 새벽녘 어두운 하늘을 수놓는 모습은 또 다른 멋진 경관을 만들어 낸다.

그런데 열기구는 언제, 누가 만들었을까? 사람이 직접 타고 하늘을 날 수 있는 열기구는 1783년 프랑스의 몽골피에 형제가 처음 고안했다. 이후 1785년 프랑스의 블랑샤르와 미국의 제프리스가 함께 영국 해협을 횡단하기 위해 도버에서 칼레까지 약 4킬로미터를 2시간 30분가량 비행하는 데 성공했다. 사람의 이

동을 위한 교통수단으로 개발된 열기구는 프랑스 대혁명 당시 플뢰뤼스 전투와 미국의 남북전쟁 등에서 정탐용으로 사용되기도 했으나 오늘날에는 레저와 휴양을 위해 쓰이고 있다.

카파도키아의 열기구가 하늘로 날아오른다. 수백만 년 전 에르시예스산의 화산 폭발로 만들어진 응회암이 오랜 세월 동안 지각변동 및 풍화와 침식 과정을 거쳐 변형된 기암괴석의 장관이 눈 앞에 펼쳐진다. 요정들이 살고 있을 법한 버섯 바위들의 숲이 보이고 바위산에는 벌집처럼 구멍이 송송 뚫려 있어 이곳이 과연 지구의 경관일까 싶은 생각마저 든다. 온갖 역경을 극복하고 꿋꿋하게 살아간 사람들의 삶을 마주하는 곳, 카파도키아에 서면 누구나 한 번쯤 자신이 걸어온 길을 돌아보게 된다.

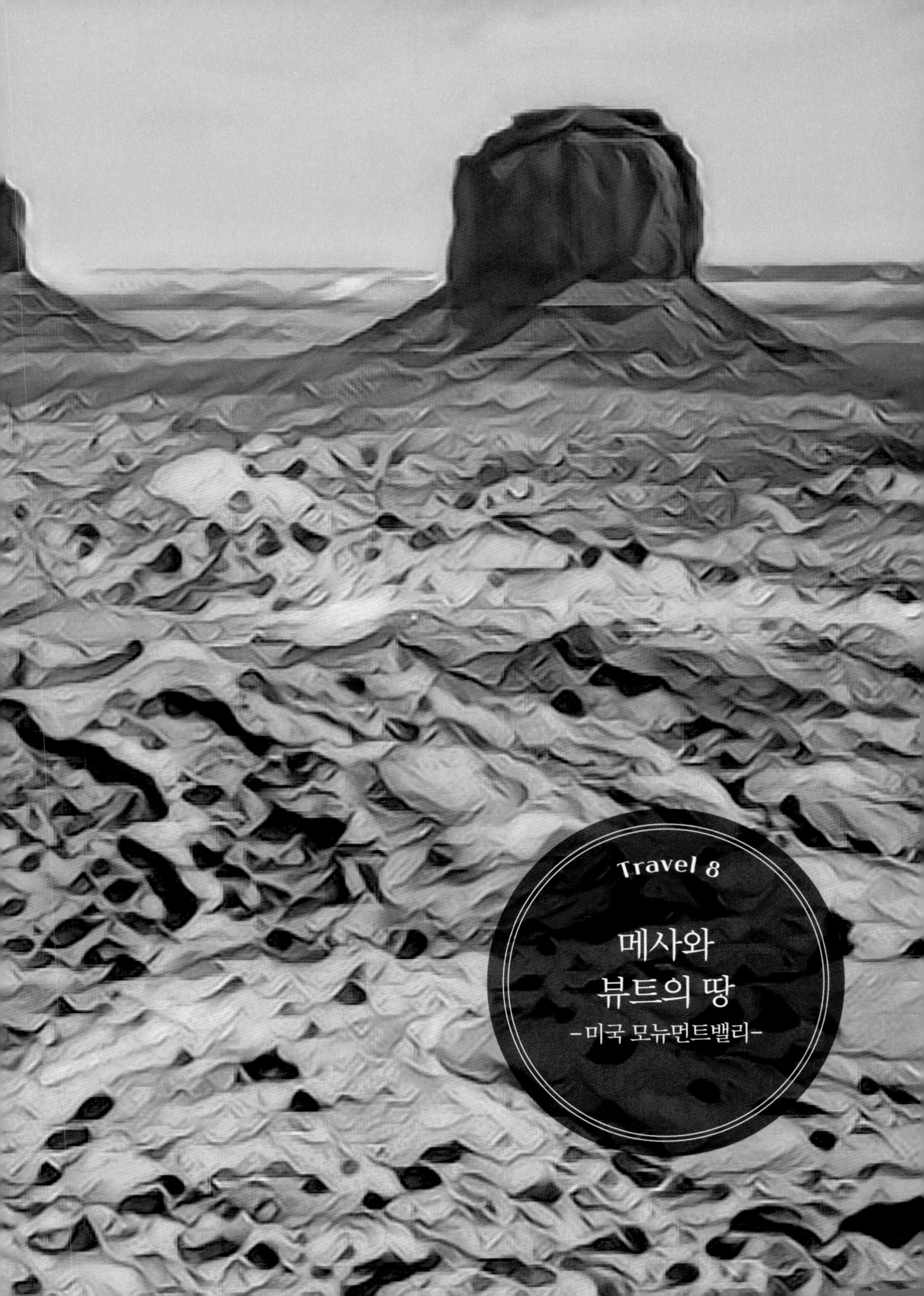
Travel 8
메사와
뷰트의 땅
-미국 모뉴먼트밸리-

붉은색의 바위와 토양이 보입니다. 메마르고 황량한 땅 위로 자동차 몇 대가 달려가고 평지 위에 우뚝 솟은 세 개의 바위산이 있습니다. 바위산이 마치 사람 손을 닮은 것 같기도 합니다.

사람이 살 수 없을 것만 같은 메마른 땅. 모뉴먼트밸리는 미국 서남부 유타주 남쪽에서 아리조나주 북쪽에 걸쳐 있는 지역의 명칭입니다. 콜로라도 고원의 일부로 사막 지형이 나타나는 곳으로 '모뉴먼트밸리 나바호 트라이벌 파크'가 정식 명칭입니다. 1958년 나바호족 자치정부가 공원으로 지정하면서 일반 관광객도 자유롭게 방문할 수 있게 되었습니다.

사막 위에 우뚝 솟은 바위산은 속칭 벙어리 장갑으로 불립니다. 벙어리 장갑을 낀 두 손의 손등을 자신의 몸 쪽으로 향하여 들고 있는 형상이라 하여 붙여진 이름입니다. 지형학 용어로는 수평으로 형성된 퇴적암 지층에서 만들어진 뷰트입니다. 이곳의 토양과 암석은 철분의 산화가 빠르게 진행되어 붉은색을 띠고 있습니다.

서부영화 속 모뉴먼트밸리

모뉴먼트밸리(Monument Valley)는 존 포드 감독의 영화 〈역마차〉, 〈황야의 결투〉 등의 배경으로 알려지면서 미국 서부영화의 대표 경관으로 자리 잡았다. 사막은 고난과 역경의 공간이기도 하지만 문명의 개입이 없는 순수한 공간이기에, 오랜 시간에 걸쳐 만들어진 웅장한 규모의 모뉴먼트밸리는 미국 자부심의 표상이기도 하다. 모뉴먼트밸리는 1940~1960년대 서부영화뿐 아니라 우리에게도 잘 알려진 〈백 투 더 퓨쳐 3〉, 톰 행크스의 〈포레스트 검프〉, 톰 크루즈의 〈미션 임파서블 2〉 등 많은 영화의 배경이 된 곳이기도 하다.

모뉴먼트밸리의 웅장함은 어디서 왔을까?

모뉴먼트밸리는 나바호 원주민들이 바위의 계곡이라고 부른 데서 그 이름의 유래를 찾을 수 있다. 해발고도 1,500~1,800미터 사이에 위치한 콜로라도 고원 위 300미터 높이에 우뚝 솟은 사암으로 형성된 거대한 바위산들이 그 웅장함을 뽐낸다. 모뉴먼트밸리는 약 2억 7000만 년 전 로키산맥에서 내려온 퇴적물과 지각의 융기에 의하여 콜로라도 고원의 일부가 형성된 이후 약 5000만 년 전 지각변동과 풍화 및 침식에 의하여 현재의 모습이 완성되었다. 이곳의 벙어리

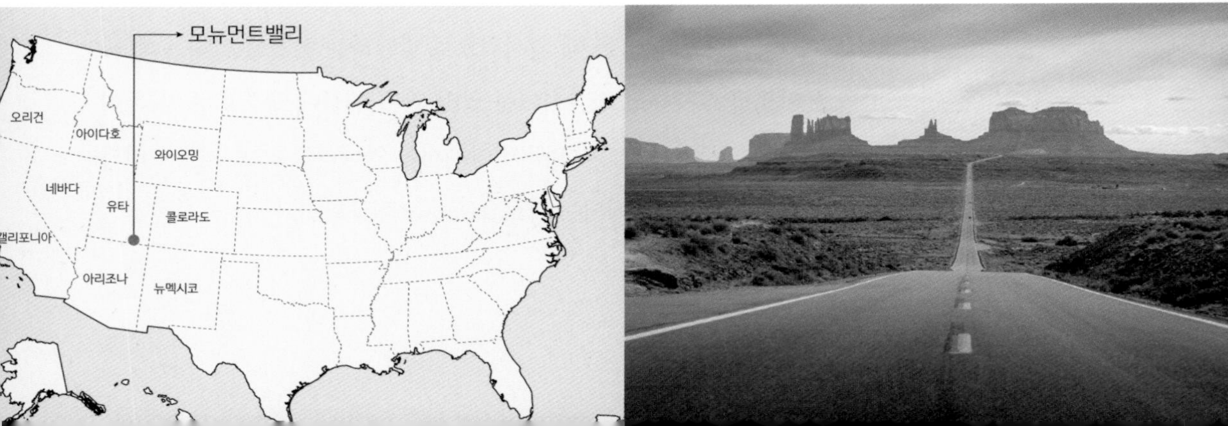

모뉴먼트밸리의 위치

영화 〈포레스트 검프〉 촬영지

모뉴먼트밸리 메사와 뷰트

웨스트 미튼 뷰트

장갑이라 불리는 지형인 뷰트(butte)의 제일 하부는 셰일층이다. 그리고 그 위를 사암층이, 그 위에 다시 셰일층이, 그리고 가장 상부는 역암층이 덮고 있다. 콜로라도 고원에는 깊은 협곡이 발달했다. 고원의 본래 지형면이 침식되면서 고원으로부터 분리된 것이 거대한 탁자 모양의 지형인 메사다. 그리고 침식이 더 진행되어 메사가 조금씩 붕괴되고 작아지면 뷰트가 된다. 붉은 바위와 토양은 다량의 철분을 함유하고 있는 실트암(siltstone)이 산화된 것이다.

교통로로 이용되는 와디

모뉴먼트밸리의 연평균 기온은 9.9도, 최난월인 7월의 평균기온은 22.8도, 최한월인 1월의 평균기온은 영하 2.1도다. 이곳은 매우 건조하고 낮과 밤의 일교차가 심하다. 연평균 강수량은 115밀리미터 정도로 7~10월 사이에 전체 강수량의 60퍼센트가 내린다. 모뉴먼트밸리에서 교통로로 이용되는 지형은 와디다. 와디는 건조한 지역에서 비가 올 때 일시적으로 발달하는 하천을 말하는데, 하천의 바닥은 비교적 평평하고 평상시에는 말라 있기 때문에 교통로로 자주 이용된다. 이런 하천을 북아프리카나 아라비아에서는 와디라고 하며, 남아프리카에서는 동가(donga), 아메리카에서는 아로요(arroyo)라고 한다.

나바호 원주민의 성스러운 땅

나바호 자치구 국기

모뉴먼트밸리는 나바호 자치정부의 인디언 공원에 속하는 지역이다. 1848년 멕시코 전쟁의 승리로 미국의 영토가 된 이후 이곳에서는 미국 정부와 나바호 원주민과의 갈등이 점점 심화되었다. 결국 1864년 키트 칼슨 대령은 원주민 초토화 전략을 계획하여, 나바호 원주민들의 가축과 농경지, 집을 빼앗거나 불태우고 '머나먼 여정(The Long Walk Trail)'이라는 강제이주정책을 실행했다. 나바호 원주민을 전쟁 포로로 잡아 약 500킬로미터 떨어진 뉴멕시코주로 이주시킨 것이다. 많은 나바호 원주민들이 이주 중, 그리고 이후 4년 동안의 포로 생활로 인해 죽음으로 내몰렸다.

1868년 평화협상에서 당시 미합중국의 대표이던 셔먼 장군은 나바호족이 동부의 비옥한 초지, 포로수용소 인근의 목초지, 모뉴먼트밸리 중 하나를 선택할 수 있도록 했는데, 나바호족은 조상 대대로 살아왔던 모뉴먼트밸리를 선택했다. 이것이 오늘날 나바호 자치정부가 들어설 수 있게 된 계기였다.

1923년 나바호 인디언 보호구역 내에서 석유가 발견되자 나바호족은 자치정부의 필요성을 인식하게 되었다. 1938년 최초로 78명의 위원을 선거로 선출했고, 아리조나주 아파치 카운티에 있는 윈도우 락을 수도로 정했다. 연방정부와 임대계약을 체결하고 자치정부 형태의 나바호 자치구가 설립되었다. 현재 나바호 자치구는 입법권, 사법권, 행정권이 분리된 형태의 통치체제를 유지하고 있으며, 나바호어를 사용하며 국기도 있고 대통령도 직접 선출한다. 미국 내 거주하고 있는 나바호족은 약 30만 명 정도다.

모뉴먼트밸리의 장관은 붉은색의 평원과 바위산이다. 다량의 철분을 포함하고 있는 토양은 급속히 산화되어 붉은색을 띠고, 우뚝 솟은 바위산은 잘 조각된 기념물을 보는 듯하다. 콜로라도 고원은 햇빛이 비치는 각도에 따라 그 지형의 장엄함이 한층 더 빛나 보이곤 한다.

Travel 9

아프리카가 품은 장엄한 물보라

-모시오아툰야 (빅토리아 폭포)-

시원한 물줄기가 낭떠러지로 내리꽂히는 장관이 보는 사람을 압도합니다. 폭포에서 쏟아지는 물이 바닥에 닿으면서 튀어 오르는 물방울이 폭포 위까지 솟아 오릅니다. 물보라가 폭포 주변의 바위와 식생의 색깔을 더욱 돋보이게 합니다. 폭포는 굉장히 높은 지대인 듯한데, 멀리 나무들이 듬성듬성 자리한 초원이 넓게 펼쳐져 있습니다.

이 폭포는 아프리카에 있는 빅토리아 폭포입니다. 세계 최대의 폭포 중 하나로 알려진 이 폭포는 잠비아와 짐바브웨 국경에 걸쳐 있습니다. 최초로 이 폭포를 발견한 데이비드 리빙스턴은 당시 영국 빅토리아 여왕의 이름에서 따와 '빅토리아 폭포'라고 이름 지었습니다. 아프리카 한가운데 있는 폭포의 이름이 영국 여왕 이름에서 유래했다니 좀 의아한 생각이 듭니다. 아프리카 원주민들은 이 폭포를 모시오아툰야, 즉 '천둥 치는 연기'라는 멋진 이름으로 오랜 세월 불러 왔습니다. 아프리카에는 빅토리아 여왕의 이름을 딴 빅토리아 호수도 있습니다. 이 지명들 뒤에는 지리상의 발견 시대 이후 서구 열강들이 앞 다투어 아프리카를 지배하고 수탈한 아픈 역사가 숨어 있습니다.

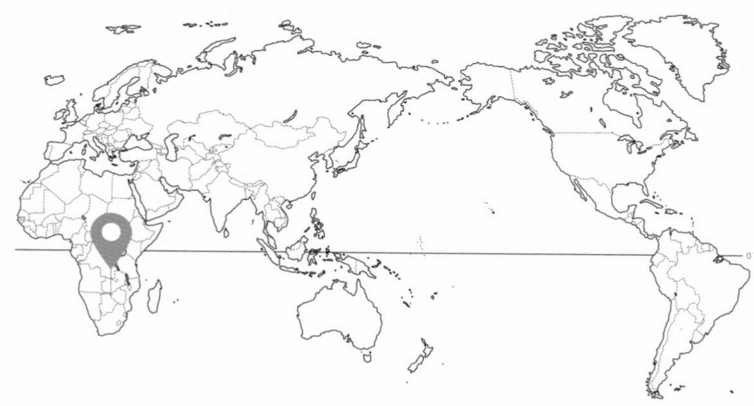

빅토리아 폭포는 어떻게 만들어졌을까?

빅토리아 폭포는 높이가 최대 108미터, 폭이 약 1.7킬로미터나 된다. 폭포의 물줄기는 어마어마한 소리를 내면서 땅으로 떨어졌다가 다시 솟구쳐 오른다. 이때 생기는 물안개 때문에 어지간히 폭포 가까이 가지 않고서는 폭포의 물줄기를 볼 수 없다. 우기에는 분당 5억 리터가, 건기에는 1,000만 리터의 물이 쏟아져 내린다. 잠베지강은 주변의 땅을 적시면서 여기까지 흘러와 잠비아와 짐바브웨의 국경 지대에서 빅토리아 폭포를 이룬다.

빅토리아 폭포는 500년마다 상류 쪽으로 위치를 이동하고 있는데, 일곱 차례나 위치를 옮겨 현재는 여덟 번째 폭포 자리에 놓여 있다. 잠베지강 하류 쪽에는 예전의 폭포 자리였던 일곱 개의 협곡이 지그재그로 놓여 있다. 물살이 빠르기로 유명한 이 협곡들은 모험을 즐기려는 사람들이 래프팅을 하는 곳으로 유명

빅토리아 폭포 전경

빅토리아 폭포 위치 변화의 흔적

하다.

1억 8000만 년 전 거대한 화산 폭발이 있었고, 지하에서 분출한 용암이 주변의 모든 지역을 뒤덮었다. 이 용암이 식으면서 지각에 균열이 생겼고, 이 균열 사이로 흐른 물이 호수로 변하고, 호수 바닥이 퇴적물로 채워졌다가 굳으면서 사암층이 형성되었다. 빅토리아 폭포는 바로 이 현무암과 사암의 차별 침식으로 만들어졌다. 지금도 강물에 의해 계속 깎여 나가고 있으며, 아마 아홉 번째 폭포 자리는 더 상류 쪽인 짐바브웨에서부터 땅이 갈라질 것으로 학자들은 예측하고 있다. 어느 날 갑자기 빅토리아 폭포의 위치가 바뀌었다는 소식이 해외토픽에 나올지도 모른다. 우리가 살아 있는 동안에는 그런 뉴스를 접할 수 없을지도 모르지만 상상만으로도 신기한 일이다.

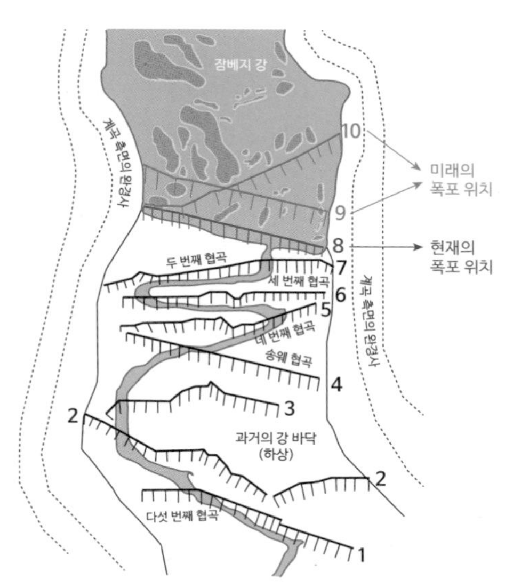

빅토리아 폭포의 변천 과정

모시오아툰야 혹은 빅토리아 폭포

1855년 영국 탐험가 데이비드 리빙스턴이 유럽 사람으로는 최초로 이 폭포를 발견하였다. 그는 당시 영국 여왕인 빅토리아 여왕의 이름을 따서 이 폭포를 빅토리아 폭포라고 이름 붙였다. 이 폭포가 천둥 같은 웅장한 소리를 내며 하늘 높이 물보라를 뿜어내기 때문에 통가족이 '천둥 치는 연기'라는 뜻을 가진 딱 어울리는 이름, 모시오아툰야(Mosi-oa-Tunya)라고 태곳적부터 불러 왔다는 것을 모른 채로 말이다. 1989년 유네스코는 '모시오아툰야 빅토리아 폭포'라는 이름으로 이 폭포를 세계자연유산으로 지정했다.

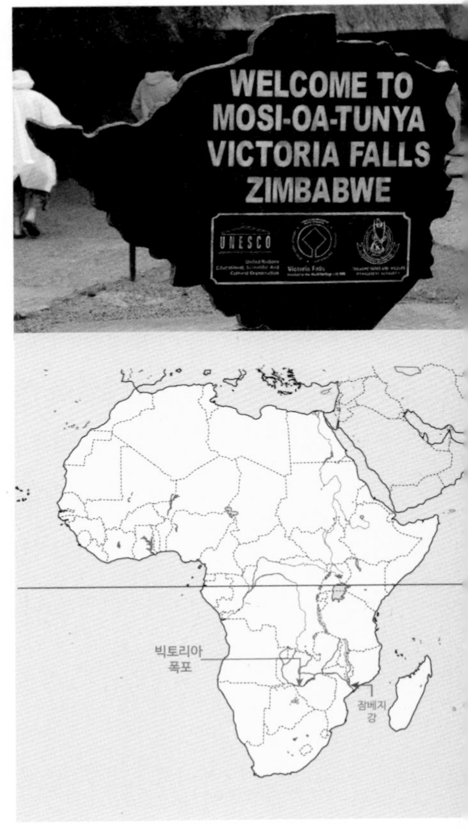

상) 유네스코 세계자연유산인 모시오아툰야 빅토리아 폭포
하) 빅토리아 폭포의 위치

세계지도를 살펴보면 이처럼 식민 시대의 지명이 그대로 사용되는 경우를 많이 발견할 수 있다. 특히 아프리카에는 이런 지명이 많다. 짐바브웨도 1980년에야 국가명을 바꾸었는데, 그 이전에는 19세기 말 영국의 아프리카 식민정책을 지배했던 대표적 제국주의자였던 세실 로즈 경의 이름에서 따온 로디지아로 불렸다. 독립 이후에도 소수 영국계 백인이 다수의 흑인을 다스리며 한참 동안 로디지아, 즉 로즈의 땅으로 불린 것이다.

또 다른 예로 서부 아프리카의 기니만에 위치한 코트디부아르는 상아 해안이라는 뜻의 프랑스어다. 15세기 후반부터 유럽인들이 몰려들어 이 지역의 해안에서 상아를 거래하면서 붙여진 별명이 국가명이 된 것이다.

우리가 신대륙이라고 부르는 아메리카에도 이런 식민 시대의 지명이 많이 존재한다. 미국 워싱턴주 시애틀의 남쪽에 위치한 레이니어산은 캐스케이드산맥에서 가장 높은 산으로 맑은 날에는 오레곤 주나 캐나다의 빅토리아에서도 보일 정도로 수려한 경관을 자랑하는 산이다. 이 산은 영국의 탐험가 조지 밴쿠버가 자신의 친구 이름을 따서 레이니어산이라고 불렀다. 즉, 이 산에 처음 온 영국인(미국인도 아니고)이 이 산에 와 본 적도 없는 친구의 이름을 붙인 것이다. 북미 인디언인 살리시 부족이 이 산을 '위대한 산' 혹은 '눈 덮인 산' 이란 뜻의 타코마라는 이름으로 불러 왔다는 사실을 모른 채 말이다.

2015년 미국의 오바마 대통령은 알래스카의 맥킨리산의 이름을 태곳적부터 불리던 '데날리'로 바꾼다고 공표하였다. 이 일로 레이니어산 역시 타코마로 변경해야 한다는 논쟁이 촉발되었고, 더불어 사람들이 지명의 역사성과 문화성을 인식하게 되었다. 지명에는 그 지역 사람들의 삶이 담겨 있다. 인간은 주변의 지형, 지물에 이름을 붙임으로써 애착을 가지고 의사소통한다. 그렇게 서로 존재를 확인하며 살아가는 것이다.

지명은 시대에 따라 다른 옷을 입기도 한다. 독도의 도로명 주소는 경상북도 울릉군 울릉읍 독도안용복길(서도), 독도이사부길(동도)이다. 독도가 다케시마나 리앙쿠르 암초가 아닌 것은 '독도'라는 지명이 오랫동안 우리의 삶과 연결되어 있었기 때문이다. 동해를 세계지도에 표시할 때 East Sea가 아니라 Donghae라고 표기해야 한다는 주장도 이 때문이다. 그 지역 사람들이 부르는 이름으로 부르는 것이 옳다는 주장에 점점 더 많은 사람들이 동의하고 있다.

세계 3대 폭포의 기준은?

세계 3대 폭포에 대해 많은 이들의 의견이 엇갈리곤 한다. 그러나 보통은 북아메리카의 나이아가라 폭포, 남아메리카의 이과수 폭포, 그리고 아프리카의 모시오아툰야 폭포를 꼽는다. 이 세 폭포는 공통점이 있는데, 모두 국경에 위치하고 있다는 점이다. 나이아가라 폭포는 미국과 캐나다 사이에, 이과수 폭포는 브라질과 아르헨티나 사이에, 모시오아툰야 폭포는 잠비아와 짐바브웨 사이에 있다. 나이아가라 폭포는 수량이 많은 것으로, 이과수폭포는 폭이 넓은 것으로 유명하다. 모시오아툰야 폭포는 높이가 높은 것으로 유명하지만, 사실 세계에서 가장 높은 폭포는 높이 979미터의 베네수엘라에 있는 앙헬 폭포다. 미국의 모험가 제임스 엔젤이 처음 발견했기 때문에 붙여진 이름이라고도 하고, 폭포 아

래로 떨어진 물이 뿜어내는 안개가 천사가 날개를 편 것 같아서 붙여진 이름이라고도 한다. 원주민인 페몬족은 '가장 깊은 곳에 있는 폭포'라는 뜻을 가진 케레파쿠파이라는 이름으로 부른다. 원주민이 이름을 기가 막히게 잘 지은 것에 탄복하지 않을 수 없는 것은 이 폭포가 정말 정글 속 깊이 자리 잡고 있기 때문이다. 그래서 사람들의 접근 역시 쉽지 않아 관광객에게도 잘 알려지지 않았다. 또 세계 3대 폭포에 비해 유량이나 너비가 작은 것도 앙헬 폭포가 주목받지 못하는 이유다.

천지연 폭포

가끔 생각한다. 누군가가 붙이는 세계 최대, 최고가 그 지역 사람들에게 중요할까? 우리나라 제주도 서귀포에는 천지연 폭포가 있다. 폭은 약 12미터, 높이는 22미터, 연못의 수심은 20미터 정도라고 한다. 나이아가라 폭포나 이과수 폭포, 빅토리아 폭포에 비하면 그 규모가 보잘것없는 것이 사실이다. 하지만 우리 선조들은 이 폭포를 '하늘(天)과 땅(地)이 만나서 이룬 연못(淵)'이라고 이름 지었다. 참으로 멋진 이름이 아닌가? 천지연 폭포가 있는 제주도는 섬 전체가 세계자연유산으로 가치를 인정받아 유네스코 세계지질공원으로 지정되었다. 유네스코의 지정과는 별개로, 자연경관을 마주할 때마다 그 장소의 이름과 그 의미를 되새겨 보는 것이 어떨까?

잠베지강은 어디서 시작해서 어디로 흘러갈까?

모시오아툰야 폭포를 만든 강의 이름은 잠베지다. 통가족 말로 '큰 강'이라는

여섯 개 나라를 통과하는 잠베지강

뜻이다. 잠비아라는 나라 이름도 이 잠베지강에서 따온 것이다. 잠베지강은 잠비아에서 발원하여 앙골라로 흘러갔다가 다시 잠비아 국경으로 넘어와서 나미비아, 보츠와나, 짐바브웨, 모잠비크 등 총 6개 나라의 국경을 넘나들며 흐른다. 총 길이가 2,500킬로미터가 넘는 아프리카에서 네 번째로 긴 강이다. 대체로 해발 1,000미터 고도의 고원 지대를 따라 흐르던 이 강은 갑자기 빅토리아 폭포에서 경사급변점을 맞고, 고도를 낮춰 결국은 인도양에 다다른다.

잠베지 분지의 북쪽은 연평균 강수량이 1,100~1,400밀리미터이며, 남쪽으로 내려오면 강수량이 절반 정도로 감소한다. 빅토리아 폭포가 위치한 지역은 건기와 우기가 명확하게 구별된다. 강수가 집중되는 10월과 3월 사이가 우기고, 4월에서 9월까지는 건기다. 우기가 되면 잠베지강은 주기적으로 범람하는데, 이 범람원 주변에 사는 사람들은 이러한 자연의 변화에 순응하여 살아간다.

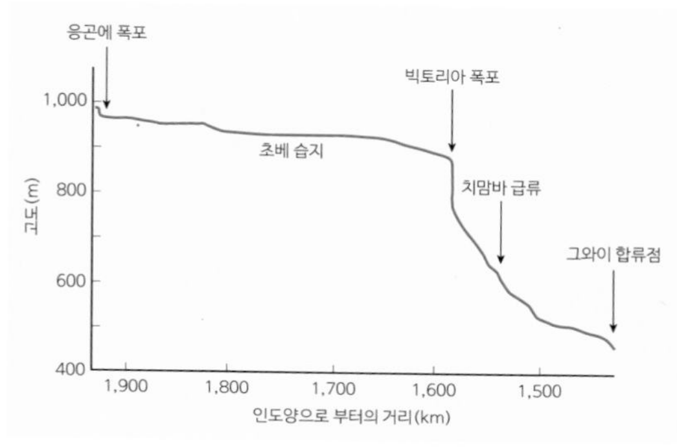

잠베지강의 하천 종단도

이 지역의 사람들은 물고기를 잡거나 소와 같은 가축을 키우면서 살아간다. 이곳의 목동들이 여느 목동들과 다른 점이라면 범람한 잠베지강을 따라 배를 타고 소 떼를 몬다는 것이다. 주민들의 재산 중 가장 고가인 소를 잘 돌보기

잠베지강의 범람원

위해 영민한 목동들은 악어 떼를 피해 범람한 잠베지강을 건너가는 가장 안전한 루트를 손금 보듯이 잘 알고 있다.

로지족은 이 범람한 땅에서 살아가는 부족이다. 매년 우기에 수심이 높아지면 범람원에서 살 수가 없다. 그래서 지난 300년 동안 로지족은 쿰보카를 해 왔는데, 이는 '물에서 빠져나오다'라는 뜻의 의식이다. 의식이 진행되는 동안, 온 부족이 카누를 타고 왕을 따라 겨울 궁전과 리무룽가 언덕 위로 옮겨간다.

기후변화는 북극곰에게만 영향을 미치는 것이 아니다. 잠베지강 주변에 사는 사람들에게도 기후변화는 중요한 문제다. 건기와 우기의 주기적 변화가 불규칙해지면서 최근 이곳에서는 홍수와 가뭄이 자주 일어나고 있다. 바로체 범람원

잠베지강을 건너는 소 떼

쿰보카를 이끄는 왕의 배

은 아프리카에서 가장 큰 범람원 중 하나다. 200킬로미터 넘게 펼쳐진 이 범람원을 만난 잠베지강은 도무지 흐르는 것 같지 않은 느린 속도로 남쪽으로 남쪽으로 흐른다. 그러다가 갑자기 속도를 높여 빅토리아 폭포에서 천둥소리를 내며 떨어진다.

빅토리아폴스와 리빙스턴

빅토리아 폭포 다리 위의 국경선 표시

빅토리아 폭포를 관광하기 위해 들러야 하는 도시는 잠비아의 리빙스턴 혹은 짐바브웨의 빅토리아폴스다. 두 도시는 빅토리아 폭포를 사이에 두고 마주 보고 있는 관광 도시로, 차로 이동할 경우 30분 남짓이면 도착할 수 있다.

이 두 도시 사이를 잇는 빅토리아 폭포 다리는 200미터 남짓으로 걸어서 건널 수 있고, 다리 한가운데에는 국경선 표지판이 있다. 잠베지 강물은 국경을 넘나들며 자유로이 흐르지만, 관광객은 국경을 통과하는 것이기 때문에 출입국사무소를 통해 비자를 받아야 짐바브웨에서 잠비아로 혹은 잠비아에서 짐바브웨로 건너갈 수 있다. 이 다리는 슬프게도 19세기 영국 식민정책의 일환인 아프리카 종단정책에 따라 건설된 결과물이다. 남아프리카공화국 케이프타운에서 이집트 카이로까지 남북으로 연결하고자 했던 세실 로즈의 '케이프-카이로 철도'의 일부로 1905년 건설되었는데, 이로써 영국은 더 쉽고 빠르게 아프리카의 물자를 수탈할 수 있었다. 지금은 관광객이 국경을 넘나들며 빅토리아 폭포의 다양한 모습을 감상하는 중요한 전망대 역할을 하고 있다.

빅토리아 폭포 다리

나무와 식물이 무성한데 주변이 건조 기후라고?

짐바브웨의 빅토리아폴스는 인구 3만 명 정도의 작은 도시인데, 연평균 기온이 18도가 넘는 아열대스텝 기후 지역이다. 이처럼 주변 지역이 건조한 기후임에도 빅토리아 폭포와 그 주변의 식생은 우림을 이룬다. 이는 폭포에서 떨어진 물보라와 물방울이 항상 주변을 적셔 높은 습도가 유지되기 때문이다.

빅토리아 폭포를 관광하기 좋은 계절은 언제일까?

해발고도가 980미터인 빅토리아 폭포는 건기와 우기가 뚜렷하다. 10월부터 3

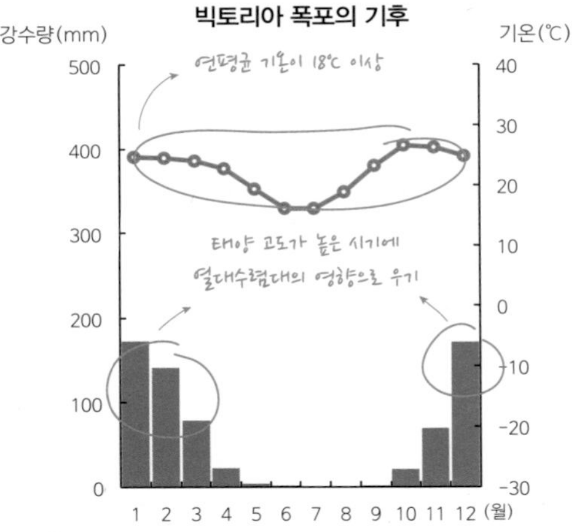

월까지가 매우 덥고 비가 많이 오는 시기이고, 4월부터 9월은 온화한 기온에 강수량이 적은 시기다. 잠베지강의 범람과 빅토리아 폭포의 어마어마한 유량을 보려면 우기인 10월에서 3월 사이에, 여행의 편의성을 고려한다면 평균기온이 16도 내외로 날씨가 좀 더 온화해지는 건기인 6월에서 8월 사이에 방문할 것을 추천한다. 건기에는 강수량이 적어 빅토리아 폭포의 유량 역시 감소하긴 하지만, 극명한 대조를 이루는 현무암 절벽과 사암 바닥은 건기에만 볼 수 있는 또 다른 장관이다. 어느 때에 빅토리아 폭포를 여행하더라도 모두 멋진 경관을 볼 수 있다는 사실만은 확실하다.

이 세상 풍경 같지 않은 장대한 폭포 사진 한 장으로 출발한 이번 여행에서 오랜 세월 이 폭포를 빚어낸 지형의 형성 과정을 살펴보았다. 폭포가 지금의 위치에 자리하기까지 일곱 번이나 자리를 옮겨 상류로 점점 더 이동해 가고 있다는 사실도 놀랍지만, 이 폭포의 이름에 얽힌 제국주의와 식민지 시대의 이야기도 이 폭포를 새롭게 바라보게 한다. 아프리카 여섯 나라를 경유하여 인도양으로 흘러드는 잠베지강은 2,500킬로미터가 넘는 강의 길이만큼이나 이 지역 사람들의 생활에 큰 영향을 미친다. 우기가 되어 범람하는 강에 순응한 사람들은 배를 타고 소 떼를 몰고 쿰보카 의식을 치르며 강에 기대어 살아간다. 시간이 흘러 잠베지강과 빅토리아 폭포는 어떤 지형 변화를 보여 줄까? 또 그곳에 사는 사람들의 미래는 어떤 변화를 맞이할까?

문화 여행

Travel 10

빨간 열정의 축제 '라 토마티나'

-스페인 부뇰-

선명한 붉은빛이 사람들과 골목을 물들이고 있습니다. 얼핏 보면 공포스러운 장면이지만 여기는 스페인 부뇰의 '라 토마티나' 현장입니다. 싱그러운 여름의 토마토가 스페인의 작은 마을을 붉은빛으로 물들였습니다.

인구 1만 명이 살아가는 스페인의 작은 도시 부뇰에서는 매년 8월 마지막 주 수요일이 되면 전 세계에서 모여든 2만여 명의 사람들이 토마토를 던지며 뜨거운 축제의 열기를 즐깁니다. 이 2시간의 짧은 축제에 무려 100톤이 넘는 토마토가 사용됩니다. 100톤의 토마토가 단 2시간의 축제를 위해 버려지는 동안, 지중해 너머 아프리카에 먹을 것이 없어서 굶주리는 사람이 있다는 것은 슬픈 현실입니다. 스페인에서는 열정을 상징하는 붉은 토마토를 이용한 요리가 보양식으로 여겨집니다. 토마토를 먹어 온 600년의 시간 동안 스페인 사람들은 토마토를 가장 건강하게 먹는 방법을 스스로 터득했습니다.

붉은 열정의 축제 '라 토마티나'

'열정의 나라'라 불리는 스페인은 축제가 열리지 않는 날이 드물다고 할 정도로 축제가 많은 나라다. 그중 세계인에게 가장 유명한 축제는 당연히 '라 토마티나(La tomatina)' 즉 토마토 축제다.

스페인에는 17개의 주가 있는데 그중 동남쪽에 위치한 발렌시아주의 부뇰에서는 매년 8월 마지막 주 수요일이 되면 2만여 명(부뇰의 인구는 약 1만 명 정도다.)의 사람들이 모여들어 빨간 열정의 축제 '라 토마티나'를 즐긴다.

라 토마티나는 1945년에 시작되었다. 어떤 이유로 시작되었는지에 대해서는 여러 가지 설이 전해진다. 가장 유명한 이야기는 1944년 채솟값이 폭락하자 화가 난 농민들이 시의원에게 토마토를 던졌는데 그 다음해부터 토마토를 던지는 행사가 생겼다는 것이다. 두 번째는 토마토를 싣고 가던 트럭의 사고로 길거리에 토마토가 쏟아지자 사람들이 이를 던지며 놀았고, 이를 계기로 축제가 시작되었다는 이야기다. 세 번째는 거리에서 형편없는 실력으로 음악을 연주하던

발렌시아주의 부뇰

라 토마티나의 포스터

연주자들에게 행인들이 토마토를 던지면서 시작되었다는 이야기다. 또 다른 이야기는 1932년 발령된 '투우 금지령' 때문이라는 설이다. 발렌시아 사람들이 가장 즐기던 투우를 하지 못하자 모두가 즐길 수 있는 다른 축제를 찾다가 라 토마티나가 시작되었다는 것이다. 하지만 스페인 라 토마티나 홈페이지에 올라온 공식적인 유래는 다음과 같다.

1944년 '거인과 큰 머리 민속 축제'에서 젊은이들이 흥겹게 음악에 취해 퍼레이드를 즐기다가 한 사람이 넘어지게 되었는데, 그 젊은이가 화가 났는지 옆에 있던 채소 가게의 채소들을 던지면서 이 축제가 시작되었다는 것이다.

1950년대에는 라 토마티나가 금지되기도 했다. 하지만 부뇰 주민들의 축제에 대한 애정이 계속되어 1975년 다시 축제가 시작되었다. 1980년대 언론을 통해 부뇰의 라 토마티나가 알려지면서 많은 사람이 축제를 즐기기 위해 모여들었다. 열정적으로 토마토를 던지는 모습은 사람들을 더욱 흥분시켰고, 전 세계에서 4만 명에 가까운 사람들이 축제를 즐기기 위해 부뇰을 찾았다. 그러나 인구 1만 명이 거주하는 작은 마을에 4배나 많은 사람들이 모여드니 안전상의 문제가 발생할 수밖에 없었다. 그래서 2013년부터는 참여 인원을 2만 명으로 제한하고 예약(참가비 12유로)을 통해서만 축제에 참여할 수 있도록 하고 있다.

현재 스페인의 라 토마티나는 전 세계인이 참여하고 싶어 하는 가장 핫한 축제로 자리매김했다.

토마토 바다에 빠지다

8월 마지막 주 화요일이 되면 부뇰의 중앙 광장인 푸에블로를 중심으로 골목길을 향한 창문과 벽이 비닐과 천으로 덮인다. 이로써 축제의 준비가 끝났음을 알 수 있다. 다음날 11시가 되면 허름한 옷이나 수영복으로 갈아입은 지역 주민들과 전 세계에서 모여든 사람들이 광장으로 모여든다. 토마토 전투에 대비하여 고글이나 물안경 등 자신을 보호할 장비들을 착용한 사람들도 많이 볼 수 있다.

축제의 시작

토마토를 싣고 가는 트럭

마침내 본격적인 축제의 시작이다. 하몽•이 걸려 있는 긴 장대가 광장에 들어오면 사람들은 장대로 올라가기 위해 몸싸움을 시작한다. 얼마 후 누군가가 장대 끝에 걸린 하몽을 잡으면 대포 소리와 함께 토마토 바다로 들어가는 문이 열린다. 토마토를 가득 실은 트럭이 골목길로 들어서면 사람들은 벽으로 붙어 트럭이 지나갈 길을 만들어 준다. 그리고 트럭에서 쏟아내는 토마토를 던지기 시작하는데 그 양이 100톤이 넘는다.

• 돼지 뒷다리를 소금에 절여 건조한 스페인 햄

라 토마티나에서는 몇 가지 규칙을 지켜야 하는데 "병이나 딱딱한 물건을 들고 들어가지 말 것, 당신은 물론이고 다른 사람의 티셔츠를 찢거나 던지지 말 것, 토마토를 으깬 상태로 던질 것, 트럭과 안전거리를 유지할 것, 두 번째 대포 소리가 나면 토마토 던지는 것을 멈출 것, 보안요원의 지시에 따를 것"이다. 좁은 공간에서 토마토를 던지는 격한 활동을 하는 축제이기 때문에 이러한 규칙들은 반드시 필요하다.

라 토마티나가 열리는 8월의 스페인은 30도가 넘는 무더운 날씨다. 게다가 2만 명의 사람들이 좁은 골목길을 가득 메운 상태로 토마토를 던지다 보면 후덥지근한 날씨 속에 토마토 범벅이 되는 것은 물론이고 원치 않는 신체 접촉도 일어날 수밖에 없는데, 이런 경험은 그리 유쾌하지만은 않다. 그래서인지 참여한 사람들 중에 "다시는 오고 싶지 않아!"라고 말하는 사람들도 있다.

축제가 끝나면 소방차가 들어와 물을 뿌려 토마토 전투의 흔적을 모두 없애 버린다. 붉게 물든 토마토 바다가 순식간에 사라지는 이 순간도 축제의 명장면 중 하나다. 재밌는 것은 토마토의 산성 성분이 소독의 효과가 있어서 축제 이후 마을이 더 깨끗해진다는 사실이다.

2시간여의 짧은 시간 동안 뜨거운 열정을 모두 쏟아내는 라 토마티나는 스페인의 이미지와 가장 어울리는 축제임에 틀림이 없다.

음식 가지고 장난치는 거 아니다

2016년 5월 24일, 나이지리아 북부 카두나주 주정부는 '토마토 비상사태'를 선포했다. 나이지리아의 주요 토마토 생산지인 카두나주의 토마토 생산량이 토마토 잎 나방의 습격으로 인해 전년 대비 80퍼센트나 감소하여 그 가격이 급격히 상승한 것이 문제였다. 나이지리아 사람들은 볶음밥의 일종인 졸로프 라이스라는 음식을 즐겨 먹는데 이 국민 음식의 주재료가 토마토다. 토마토 가격이 폭등하자 나이지리아 사람들의 식탁에 비상이 걸렸다. 평소 한 바구니에 1달러를 조금 넘던 토마토 가격이 무려 40달러 넘게 상승하자 나이지리아 사람들은 "졸로프 라이스를 먹지 못하는 것이 아니냐."는 걱정에 빠졌다.

졸로프 라이스

걱정이 깊어지자 이내 불똥이 다른 곳으로 튀어 버렸다. 스페인의 라 토마티나 축제에서 토마토가 무려 100톤이나 버려진다는 소식에 나이지리아 사람들이 SNS에 축제를 비판하는 글을 올렸고 이것이 전 세계에 퍼져 나가기 시작한 것이다. 이에 부뇰 시장은 "나이지리아의 토마토 문제를 알고 있지만 우리는 유통기한이 지나거나 상한 토마토만 사용한다. 이는 비난받을 일이

아니다."라고 해명했다. 하지만 세계적인 유명 셰프와 음식 평론가 들이 음식을 낭비하는 전통과 축제에 대한 비난을 내놓았고, 또 유엔식량농업기구에서도 매년 버려지는 음식 쓰레기를 줄인다면 굶어 죽는 전 세계 8억 명의 사람들을 살려낼 수 있다면서 라 토마티나를 간접적으로 비판했다. 결국 라 토마티나는 사람이 먹을 수 있는 음식을 버리는 축제라는 부정적인 시선을 피할 수는 없었다. 음식 가지고 장난치지 말라는 이야기가 있다. 축제 담당자들은 스페인의 라 토마티나를 시대에 맞지 않는 문화라고 바라보는 시선이 있음을 기억하고 이 문제를 슬기롭게 해결하려는 노력을 기울여야 할 것이다.

빨간 맛 토마토

토마토는 기온이 10도 이하로 내려가면 생육이 멈추거나 기형이 발생한다. 따라서 생육 기간 중 낮 기온 25~27도, 일 평균기온 18도를 유지하는 것이 매우 중요하다. 토마토는 생육 기간 평균기온 1도 차로 인해 수확 시기가 바뀌는 기온에 민감한 작물이다. 이러한 특성 때문에 온대 기후에서는 주로 여름철에 수확하고, 주요 생산국은 중국, 인도, 미국, 이탈리아, 스페인 등이다. 최근에는 토마토의 생육조건을 인위적으로 맞추는 온실재배도 많이 이뤄진다. 토마토는 적산온도*가 1,000도에 이르면 꽃이 피는데, 온실에서는 이를 조절하여 토마토의 수확 시기마저 조절할 수 있다. 하지만 온실재배는 비용이 많이 들기 때문에 여전히 토마토 수확량이 가장 많은 시기는 여름철이다.

* 일평균 기온을 누적하여 합한 값

여름철 잘 익은 빨간 토마토를 보면 먹음직스럽다. 토마토의 빨간색은 리코펜 성분 때문인데 리코펜이 노화를 방지하고 심혈관 질환에 좋다고 알려지면서 토마토를 찾는 사람들이 더 많아졌다. 사실 리코펜은 열에 쉽게 분해되지 않는 데다 지용성이기 때문에 토마토를 기름에 볶으면 영양 성분이 10배까지 증가한다. 이러한 특성을 알아서일까? 유럽 사람들은 토마토를 조리해서 먹는 경우

가 많다. 스페인의 대표적 보양식인 '가스파초'는 토마토를 올리브유에 익혀 수프처럼 만들고 빵을 곁들여 먹는 음식이다. 이 요리법은 토마토 리코펜의 효능을 극대화할 수 있는 조리법이다.

가스파초

노란 독 사과, 토마틀

토마토는 15세기에 라틴 아메리카에서 발견되었다. 토마토라는 이름은 아스텍 원주민의 말로 '속이 꽉 찬 과일'이라는 뜻의 '토마틀'에서 유래되었다. 그때 토마토는 노란색에 가까웠기 때문에 유럽 사람들은 토마토를 노란 사과라고 불렀다. 이후 품종 개량에 의해 토마토의 종류는 매우 다양해졌고, 지금 우리에게 친숙한 토마토는 빨간색이다.

토마토는 해충으로부터 자신을 보호하기 위해 독성물질을 만들어 내는데, 이 때문에 토마토가 처음 유럽으로 들어올 때는 관상용으로 여겨졌다. 하지만 독성물질이 인간에게는 해롭지 않다는 것을 알게 된 후, 16세기에 남부 유럽의 스페인과 이탈리아에서 즐겨 먹기 시작했다. 그리고 17세기에는 전 유럽으로 전파되었다.

다양한 종류와
색상의 토마토

채소일까, 과일일까?

채소와 과일을 나누는 기준은 뭘까? 간단하게는 음식의 재료로 들어가는 건 채소고, 후식으로 먹는 건 과일이다. 그렇다면 토마토는 채소일까, 과일일까? 우리나라에서는 토마토를 반찬으로 먹지 않으니 과일로 보는 것이 맞는 것 같다. 하지만 유럽이나 미국에서는 토마토가 요리의 주요 재료여서 이 사람들의 머릿속에는 토마토가 채소라는 인식이 더 강하다.

1893년 미국은 자국의 채소 산업을 보호하기 위하여 수입하는 채소에 관세를 10퍼센트 부과하면서 과일에는 이를 부과하지 않았다. 이 때문에 서인도에서 토마토를 수입하던 한 상인이 토마토는 과일이기 때문에 관세를 낼 수 없다며 뉴욕 항의 세관원을 상대로 소송을 제기했다. 식물학적으로 과일은 씨방이 익어 열매가 되는 것을 말하는데, 이 기준으로 보면 토마토는 과일이라는 것이다. 하지만 법원의 판결은 "토마토는 주로 식사에 포함되어 나오고 후식으로 나오지 않기 때문에 채소다. 일상생활에서 쓰는 공통 언어를 바꿀 수 없다."고 하며 토마토를 채소라고 판결했다. 이 판례의 영향으로 현재 미국은 토마토를 채소라고 규정하는데, 한미 FTA 협상에서도 토마토는 채소로 분류되어 과세되고 있다.

토마토는 과채류

일반적으로 여러해살이 식물에서 나는 열매는 과일, 한해살이 식물에서 나는 열매는 채소다. 또는 나무에서 열리는 열매는 과일, 넝쿨식물에 열리는 열매는 채소다. 이 기준으로 따지면 토마토, 딸기, 수박, 참외는 채소다. 하지만 이들 모두 식물학적으로는 씨방이 익어 열매가 되는 것이기 때문에 과일이다. 그렇다면 과연 무엇이라 불러야 할까? 이들은 과일과 채소의 특징을 함께 가지고 있어서 과채류(열매채소)라고 부른다.

축제는 사람들을 모이게 만드는 매력이 있어야 한다. 음식의 재료인 토마토가 세계인에게 사랑받는 매력적인 축제의 소재가 될 수 있었던 것은 토마토가 가진 에피소드를 흥미로운 이야기와 놀거리로 만들어 낸 부뇰 사람들의 지혜 덕분이다. 라 토마티나는 토마토가 있었기 때문에 만들어진 것이 아니라 부뇰 사람들의 지혜와 문화가 있었기 때문에 만들어졌다. 만약 여행 중에 이 축제를 즐길 기회가 있다면, 단순히 토마토를 던지는 것에서 끝내지 말고 축제를 만들어 낸 부뇰 사람들의 문화를 이해하는 여행이 되기를 바란다.

Travel 11

겨울 축제의 정수 '빙등제'

-중국 하얼빈-

다채로운 빛을 뽐내는 조형물이 보입니다. 어두운 실루엣의 사람들과 밤하늘을 배경으로 빛나는 얼음 조각이 대비됩니다. 얼음은 차갑지만, 역설적이게도 따뜻한 느낌을 줍니다.

저마다 오색찬란한 빛을 뿜으며 밤하늘을 향해 솟아오른 조형물이 보입니다. 하얼빈 야간 빙등제의 모습입니다. 1985년부터 매년 열리는 빙등제는 해마다 규모가 커지며 세계적인 축제로 거듭나고 있습니다.
빙등(氷燈, 얼음등)은 한랭 지역에 사는 사람들이 노천에서 물고기를 잡을 때나 말에게 먹이를 줄 때 주변을 비추던 조명기구입니다. 빙등은 17세기 들어 예술적인 요소가 가미되면서 다양한 디자인으로 발전, 무언가를 밝게 비추는 조명 기능과 더불어 바라보고 즐기는 오락과 여가의 기능까지 수행하게 되었습니다. 매년 1월이 되면 얼음과 눈 조각들이 하얼빈 시내 곳곳을 메웁니다. 주요 테마가 실현되는 곳은 쑹화강 주변 타이양다오 일대, 하얼빈 시내의 자오린 공원 등입니다.

하얼빈의 자랑, 겨울왕국

"인간은 천성적으로 바쁜 종족으로 이를 가엽게 여긴 신들이 많은 축제를 선물해 그들이 겪는 노고를 없애 주려 했다." 플라톤은 축제에 대해 이렇게 말했다. 축제는 사람들에게 희망과 즐거움을 주고 때로는 힘들게 달려온 서로를 격려하고 치유하게 한다.

빙등제가 열리는 중국 하얼빈은 세계 3대 겨울 축제 지역이다. 매년 자국민뿐만 아니라 전 세계의 많은 사람들이 희망과 치유의 겨울 축제, 하얼빈 빙등제를 찾는다.

하얼빈의 위치

하얼빈은 '얼음 도시'라는 별칭이 있는 헤이룽장성의 성도로, 중국 동북 지역의 금융, 경제, 역사, 문화, 정치의 중심지다. 성 직할시 중 육지 관할 면적이 가장 크고, 인구가 세 번째로 많은 대형 도시 하얼빈은 중국의 주요 제조업 기지이기도 하다. 또한 유라시아 대륙을 육상과 항공으로 잇는 교통 허브이며 국가의 전략적 국경 개발 및 개방 도시, 동북아 지역의 중심지로서 그 위상이 굳건하다.

하얼빈은 중국 주요 도시 중에서 가장 위도가 높다. 기후적으로 보면 여름이 짧고 겨울이 긴데, 1월 평균기온은 영하 19.7도, 최저기온은 영하 40도에 육박한다. 강설량이 많아 매년 쌓이는 평균 눈 두께는 20센티미터 이상이다. 하얼빈 시내 가까운 곳에 위치한 쑹화강은 일 년 중 약 140일 정도가 얼어 있으며, 얼음 두께는 평균 약 1.3미터다.

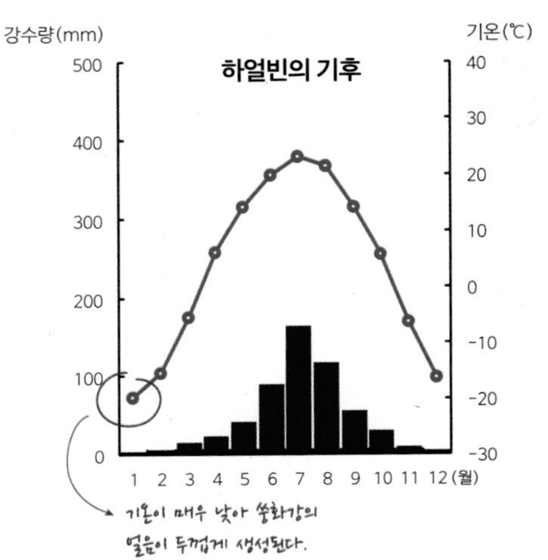

이런 풍부한 빙설 자원 덕분에 하얼빈은 빙설 예술의 발상지가 되었다. 풍부한 눈과 얼음을 이용한 민간 예술이 발전해 온 것이다. 그중 대표적인 것이 바로 얼음등, 즉 빙등이다. 하얼빈은 빙등을 예술적으로 승화시켜 매년 세계적인 겨울왕국을 건설한다.

하얼빈 빙등제의 소재는 '눈'이다. 눈이라는 소재로 빙설 디즈니랜드, 하얼빈 시내 자오린 공원에서 열리는 빙등 축제, 쑹화강 인근 타이양다오의 눈 조각 축제가 진행된다. 타이양다오는 본래 황량하고 잡초가 우거진 섬에 불과했으나, 결빙된 얼음을 예술작품으로 조각하고 그곳에 오색등을 밝힘으로써 국내외 관광객이 모이는 축복의 땅으로 변했다.

세계 3대 겨울 축제, 하나의 몸짓에서 꽃이 되기까지

세계적인 것은 지역적인 것이며 지역적인 것이 세계적인 것이다. 세계화와 지역화는 상호보완적이며 각각은 서로의 현재와 미래다. 지역에 대한 아주 작은 눈길과 관심이 지역을 세계 무대로 확장시키는 작은 나비일 수 있다. 1963년 초, 당시 하얼빈의 한 공무원이 주민 거주지 문 앞에 놓인 얼음 등불을 보고 축제를 착안했다면 믿을 수 있겠는가?

하얼빈 빙등제가 세계 3대 겨울 축제로 발돋움할 수 있었던 이유로는 낮은 기온, 풍부한 강설량 등의 기후적 조건을 가장 먼저 꼽을 수 있다. 그리고 하얼빈의 척박한 기후 조건을 남다른 관점에서 눈여겨보고 현대적이고 세련된 세계

빙등제 얼음 건축물

눈 조각으로 만든 예술품

적인 축제로 발전시킨 인간의 노력 또한 중요한 이유다.

하얼빈 빙등제는 체계적이고 조직적으로 설계된 중국 최초의 축제로 1985년 1회를 시작으로 2019년까지 총 35번 개최되었다. 명칭은 '하얼빈 빙설 축제'였다가 2001년 '중국 하얼빈 국제 빙등제'로 바뀌었다. 하얼빈 국제 빙등제는 중국의 대표적인 축제이면서 겨울 축제의 모범 사례가 되었다. 빙등제는 매년 1월 5일에 시작되는데, 시 정부에서는 이날을 공휴일로 지정하여 시민들에게 휴식과 여가를 선물한다. 1985년 1회 빙등제에 등장한 작품은 그다지 특별한 디자인은 아니었으나, 그것으로 하얼빈 빙등제의 초석이 놓인 셈이니 그 자체로 의미 있는 작품이다.

비록 문화대혁명으로 인해 1967년 이후 중단되기도 했지만, 1979년 공식적으로 다시 부활하면서 예전의 명성을 회복하였다. 그리고 1980년대 이후에는 작가의 수, 작품 주제 및 디자인, 작품의 구성 방법 등이 폭발적으로 증가, 발전했다. 이 시기부터 색채, 움직임, 소리 등을 고려해 조경, 건축, 음악을 일체화시킨 새로운 형태의 예술로 빙등제가 알려지게 되었다. 더불어 다양한 분야의 행사들이 함께 이뤄지기 시작한다. 빙등제 그리고 예술, 관광, 체육, 무역 등의 행사들로 하얼빈은 국내외 관광객들에게 소위 핫플레이스가 되었다. 또한 주변 지역과 우호적인 관계를 형성함으로써 교류의 장으로 거듭나게 되었다. 캐나다 퀘벡 겨울 축제, 일본 삿포로 눈 축제와 함께 세계 3대 겨울 축제로 거듭난 중국 하얼빈 국제 빙등제는 하얼빈 시민의 정신과 역사, 경제적·사회적 수준을 가늠하는 중요한 잣대로 자리 잡았다.

'캐시카우'로 하얼빈의 굴뚝을 없애다

"하얼빈의 눈과 얼음 속에 금산 은산이 있다." 중국 시진핑 주석은 하얼빈의 기후 환경을 경제적 관점에서 이렇게 언급했다. 눈과 얼음의 세계가 곧 금 광산 및 은 광산이라며 하얼빈의 겨울 축제를 굴뚝 없는 '캐시카우'로 판단한 것이다. 캐시카우는 돈, 현금을 뜻하는 '캐시'와 소를 일컫는 '카우'의 합성어로 현금이 생겨나는 근원을 의미한다. 자본주의 시장에 적용하면 캐시카우를 가진 지역 혹은 기업은 획기적인 성장은 없지만, 점유율과 수익성이 높은 유리한 조건 내지 산업을 가졌다고 판단한다. 최근에는 스마트폰이 급속도로 보급되면서 모바일 관련 앱과 게임으로 성장한 IT기업들이 이를 캐시카우로 이용해 성장하고 있다.

중국은 최근 국가적 차원에서 창조혁신을 통한 발전전략이라는 틀 안에서 첨단 신기술 시대에 발맞춰 하얼빈의 관련 산업을 육성하고, 유해환경을 조장하는 굴뚝을 없애 현금을 낳을 수 있는 관광 산업을 적극 지원하기로 결정했다. 또한 하얼빈은 SNS를 통해 빙등제를 홍보하여 관광객이 찾아올 수 있도록 네트워크 정책을 쓰고 있다. 이에 성별, 연령과 상관없이 매년 엄청난 인파가 모여들고 있다. 관광객들은 영하 10도를 넘나드는 추위에도 아랑곳하지 않고 눈과 얼음이 빚어낸 환상적인 풍경에 감탄을 아끼지 않는다. 매년 새롭게 선보이는 획기적인 프로그램과 기발한 아이디어를 형상화한 조각품에 하얼빈 관광객 수는 해마다 100만 명 이상을 유지하고 있다.

특히 4차 산업에 기반을 둔 마이스 산업* 활성화를 목표로 하는 하얼빈은 기업회의, 포상관광, 컨벤션, 전시박람회와 이벤트 등을 적극 유치하고 있다. 마이스 산업은 도시 브랜드의 각인과 지역 경제 활성화를 통해 일자리와 부가가치를 창출한다는 점에서 '굴뚝 없는 황금 산업'이라 불린다. 하얼빈은 축제의 경제적 파급 효과를 세분화하여 정책을 펼치는 중이다.

* MICE는 기업회의(Meeting), 포상관광(Inceptive trip), 컨벤션(Convention), 전시박람회와 이벤트(Exhibition)를 융합한 새로운 산업으로 각 단어의 머리글자를 딴 용어다.

축제 활성화, 하얼빈의 무한도전

축제는 지역의 인문 환경을 형성하고 발전시키는 특별한 동력으로 문화, 관광, 스포츠, 경제 교류, 무역 등 관련 산업의 종합적인 개발까지 넓은 개념을 아우른다. 하얼빈 빙등제는 단순히 눈을 이용한 지역 축제가 아니라 사회, 문화, 경제,

일상생활이 복합적으로 어우러진 종합 축제다.

빙등제는 빙등유원회에서 유래되었다. 빙등유원회는 1960년부터 민간 차원에서 자발적으로 개최한 전시회다. 하얼빈 시내 자오린 공원에 여러 작가들이 만든 눈 조각과 얼음 조각 작품을 전시하면서 독특한 눈과 얼음 예술을 만들어 냈다. 이 민간 예술 전시회가 하얼빈 시공무원과 지방정부의 정책논의를 통해 공식적인 축제로 발돋움한 것이 바로 빙등제다.

중국은 개혁개방 이후 중앙정부와 지방정부에서 고유의 전통 축제를 새롭게 재건하여 축제가 가지는 다양한 가치를 확보하기 위해 노력하고 있다. 특히 하얼빈의 전통 축제는 다년간의 전통 계승을 통해 현대적이고 세련된 축제로 자리 잡았다. 세계적 축제로서 하얼빈 국제 빙등제는 하얼빈 지역 고유문화의 전승과 보전, 지역 주민의 화합, 지역 이미지 개선뿐만 아니라 고용 창출을 통한 지역 경제의 활성화, 지역 내 부가가치 창출 및 관련 산업의 발전을 촉진하는 효과까지 함께 일궈내고 있다. 더불어 축제 개최지의 해외 진출을 적극적으로 모색하여 지역에 머물던 축제 공간의 한계를 세계로 확대하고자 노력하고 있다.

하얼빈은 빙등제를 개혁개방의 수단으로 활용함으로써 세계 각 정부 및 기업의 큰 이목을 끌었다. 특히 개혁개방이라는 큰 과제를 국가적 목표로 하고 있는 중국이기에 하얼빈의 축제 경제를 통해 새로운 경제 형태와 강력한 문화 동력을 생산하는 데 주력하고 있다.

냉대 기후로 인해 만발한 하얼빈의 눈꽃

하얼빈 축제 활성화의 목적은 눈과 얼음이라는 자연환경과 인간의 순수한 인본적 가치인 여가와 휴식, 만남과 교류 등을 축제에 결합시켜 자연과 인간이 하얼빈이라는 장소에서 하나되는 것이다. 또한 지역 사회 및 세계 시민정신의 응집과 단합을 통해 지역적 이미지와 세계적 이미지를 동시에 만들어 가는 것도 중요한 목적이다.

역사의 울림, 안중근을 만나다

상) 자오린 공원의 안중근 기념비
하) 하얼빈 역 1번 플랫폼

"내가 죽거든 내 뼈를 하얼빈 공원 옆에 묻어 두었다가 우리 국권이 회복되거든 고국으로 반장해 다오. 나는 천국에 가서도 우리의 독립을 위해 힘쓸 것이고 천국으로 독립의 소리가 들리면 나도 기꺼이 만세를 부르며 기뻐할 것이다."

하얼빈은 우리에게 아주 특별한 도시다. 안중근 의사가 이토 히로부미를 저격한 역사적인 의거가 일어난 장소이기 때문이다. 자오린 공원은 순국한 안중근 의사가 사형대에 올라가며 대한민국이 독립할 때까지 시신을 묻어 달라고 유언한 하얼빈 공원의 현재 이름이다. 하얼빈이라는 장소를 통해 한국과 중국은 같은 역사 정신을 공유하고 있다. 하얼빈은 일본 제국주의에 두 나라가 맞서 싸운 역사적 의미로 가득 찬 도시다.

특히 하얼빈 역과 그 주변은 안중근 의사를 추모하고 기억하는 흔적들로 가득하다. 자오린 공원 한편에는 안중근 의사의 유묵인 '청초당(靑草塘)'이 붉은 색의 손도장과 함께 새겨져 있다. 청초당은 '연못에 파란 풀이 돋다'라는 의미로 봄이 되면 이파리가 돋아나듯 암울한 일제 치하에서도 우리나라가 독립하는 세상이 올 것이라는 염원과 희망을 담은 글이다. 1910년 2월 14일 사형 후, 의

사의 유해를 아직까지도 찾지 못한 사실이 더해지면서 그를 추모하는 청초당 기념비가 있는 장소의 역사적 의미는 더욱 깊어졌다. 현재 하얼빈 역 1번 플랫폼에는 이토 히로부미와 그를 저격한 안중근 의사가 섰던 자리가 표시되어 있고, 인근에 안중근 의사 기념관도 있다. 안중근 의사의 평소 철학과 사상은 물론이고 이토 히로부미를 사살한 상세한 과정도 전시되어 있다.

"국가를 위해 몸을 바치고 일치, 단결한다."는 맹세의 뜻으로 동지들과 함께 손가락을 자르는 고통까지 참아내고 자신의 목숨을 희생하며 구국에 힘썼던 안중근 의사의 시간이 하얼빈의 공간과 마주하고 있다.

이처럼 하얼빈은 지역의 독특한 기후 환경과 역사적인 정신을 결합시켜 다양한 콘텐츠를 만들어 낸 관광 도시로 발전했다. 칼바람이 몰아치고, 극한의 추위와 가슴 아픈 역사가 공존하는 하얼빈은 황량한 도시의 모습을 극복했다. 빙등제가 열리는 하얼빈은 역설적이게도 겨울이 가장 아름다운 곳이다. 매서운 역사의 칼바람과 빙등이 만들어 낸 겨울의 따뜻함이 하얼빈을 찾은 수많은 사람들의 마음 속에서 교차한다.

중국 안의 작은 유럽

'양꼬치 & 칭다오'는 우리가 중국을 떠올리게 만드는 흔한 문구가 되었다. 일반적으로 중국 맥주 하면 산둥반도에 위치한 '칭다오'를 떠올릴 것이다. 그러나 칭다오 맥주보다 훨씬 역사가 깊은 맥주가 있는데 바로 하얼빈 맥주다. 실제 중국 내 1인당 맥주 소비량 1위는 하얼빈 맥주인데 이는 중국 4대 맥주 중 하나다.

중국 최초의 맥주가 등장한 것은 1900년으로, 하얼빈 맥주는 맥주 양조 역사의 시작점에 위치한다. 19세기 후반 러시아의 남하 정책에 따라 러시아인

하얼빈 맥주를 운반하는 상인의 모습

이 남쪽으로 이동했고, 하얼빈에 대규모로 정착한 이들에 의해 러시아의 맥주 기술이 전해졌다. 그 당시 하얼빈은 러시아의 관할 아래 있었기 때문에 유럽식 맥주 문화가 여과 없이 하얼빈에 밀어닥치게 되었다. 이것이 바로 하얼빈 맥주 탄생의 배경이다.

하얼빈은 20세기 초까지만 하더라도 도시에서 어렵지 않게 유럽의 풍경을 볼 수 있었다. 1900년대 초반에는 심지어 인구 절반이 러시아인이었을 정도다. 이러한 하얼빈의 인구 구성은 지역의 문화를 변모시켰다. 이곳에서는 맥주가 음료의 성격이 강하다. 그래서인지 북방인 특유의 호방함을 드러내며 병째로 마시는 하얼빈 주민의 모습이 낯설지 않다.

19세기 말, 중동철도 건설로 유럽의 상공업 인구가 몰려들면서 하얼빈은 국제적인 도시가 되었다. 특히 성 소피아 성당은 러시아 정교회의 성당으로 현재는 '하얼빈 건축 예술관'으로 운영되는 하얼빈의 대표 건축물이다. 당시 지어진 르

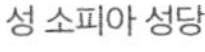

성 소피아 성당

네상스 시대 바로크 양식의 건축물이 보존되어 있는 중앙대가에 가면 마치 유럽에 온 듯한 착각에 빠진다. 이곳에서는 여전히 남아 있는 러시아 문화로 인해 동서양을 넘나드는 다양한 먹거리와 문화를 만날 수 있다.

때로는 서로 다른 문화가 지역을 연결해 주는 역할을 하기도 한다. 하얼빈에는 각각의 다양한 문화가 자연스럽게 공존하면서 아름다운 모자이크를 이루어 새로운 문화를 만들어 내고 있는 셈이다.

Travel 12

일생에 한 번은 스님이 되는 나라

-태국-

한쪽 팔만 내놓은 채 주황색 옷을 걸친 스님들이 한 방향으로 길게 줄을 서 있습니다. 라오스의 탁발 공양 모습입니다. 여성은 스님 행렬을 향해서 무릎을 꿇고 무언가를 건네는데, 탁발을 마친 스님들의 발우에는 조리된 음식뿐만 아니라 빵과 과자, 사탕도 담겨 있습니다.

주황색 가사●를 걸친 행렬 속 스님은 우리나라의 스님과는 다른 모습입니다. 매일 새벽 출가자는 탁발●●을 하러 나섭니다. 라오스에서는 부처님이 제자들에게 스스로 밥해 먹지 않고 탁발로 걸식하게 한 뜻을 오늘날까지 이어가고 있습니다. 출가자는 정성이 가득한 탁발공양을 받으며 자신을 낮추고 물질에 대한 집착을 없애 '이 밥을 먹고 더 부지런히 수양하리라' 마음을 다지고, 재가자는 수행에 정진하는 스님에게 공양을 올리며 큰 공덕을 짓고 불심을 키웁니다. 베트남, 라오스, 캄보디아, 태국, 미얀마 등 동남아시아 국가에서 불교는 종교의 차원을 넘어 생활 그 자체를 의미합니다. 사람들의 세계관과 가치관, 생활 양식에 이르기까지 불교가 영향을 미치지 않은 것이 없을 정도입니다.

● 장삼 위에 왼쪽 어깨에서 오른쪽 겨드랑이 밑으로 걸쳐 입는 스님의 법의를 말한다.
●● 불교의 수행 의식으로 출가자가 남에게서 음식을 빌어먹는 행위다.

불교는 어떻게 시작됐을까?

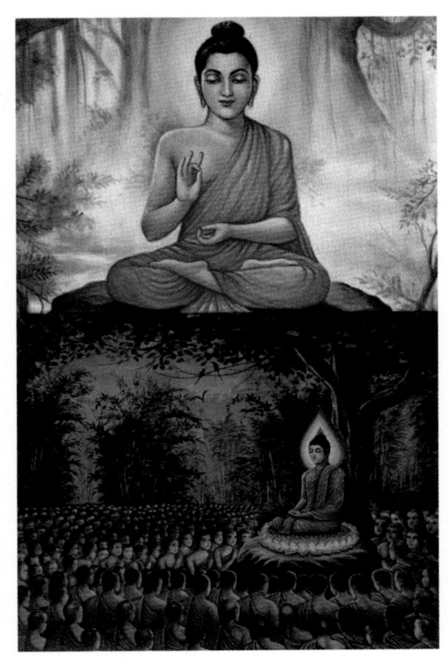

상) 그림 속의 부처
하) 부다가야 보리수나무 아래의 고타마 싯다르타

크리스트교는 예수를, 이슬람교는 알라를 믿고, 불교는 부처의 가르침을 따른다. 일반적으로 부처라고 하면 석가모니를 떠올린다. 이때 석가는 '능하고 어질다'라는 뜻의 부족 명이고 모니는 '성자'라는 뜻이다. 부처는 '깨우친 사람'이란 뜻으로, 석가모니가 살아 있을 때 펼친 가르침과 진리를 따르며 고통에서 벗어나는 것(해탈)이 불교의 지향점이다.

석가모니는 고타마 싯다르타의 성불 후 이름으로 그를 존경하는 사람들이 붙여 준 존칭이다. 역사적으로 불교는 기원전 6세기경 카필라바스투의 왕자로 태어난 고타마 싯다르타에 의해 창시되었다. 현재 네팔 남부와 인도 북동부 국경 지역에 있던 룸비니에서 태어난 그는 인간의 삶이 생로병사가 윤회하는 고통으로 이루어져 있음을 자각하고 이를 벗어나기 위해 29세 때 출가했다. 이후 인도의 부다가야에서 선정을 수행하다 35세에 완전한 깨달음을 성취하고 부처가 되었다. 이후 인도의 여러 지방을 편력하며 포교와 교화에 힘쓰다 쿠시나가라에서 80세로 입멸했다.

우리나라와 동남아시아의 불교는 무엇이 다를까?

베트남, 라오스, 캄보디아, 태국, 미얀마 등 동남아시아 국가들은 불교 신자의 비율이 다른 종교 신자보다 월등히 높은 나라다. 동남아시아 대부분의 불교 국가에서 불교는 종교의 차원을 넘어 사람들의 세계관과 가치관, 모든 생활 양식에까지 영향을 미쳤다. 라오스, 캄보디아, 태국, 미얀마의 불교는 인도에서 유래된 상좌부불교(上座部佛教)의 전통을 가지고 있다.

세계의 종교 한눈에 보기

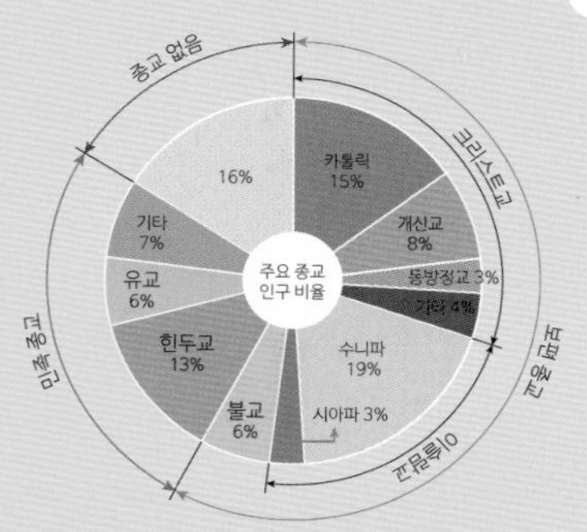

종교는 크게 보편종교와 민족종교로 나뉜다. 보편종교는 국경과 민족을 초월하여 신봉하는 종교다. 크리스트교, 불교, 이슬람교가 이에 해당한다. 민족종교는 특정 민족이나 부족에서 신봉하는 종교로, 유대교와 힌두교가 대표적이다. 전 세계에서 신자 수가 가장 많은 크리스트교는 유럽과 아메리카, 오세아니아 대륙으로 전파되어 분포 범위가 가장 넓다.

아시아 대륙은 다른 대륙에 비해 종교의 분포가 다양하다. 서남아시아와 중앙아시아에서는 이슬람교가 압도적이며, 남부아시아에서는 힌두교 신자의 비율이 높고, 동아시아는 유교와 불교 문화권이다. 동남아시아는 종교 분포가 가장 복잡한 지역으로, 베트남, 태국, 라오스, 미얀마, 캄보디아 다섯 개 나라는 불교를, 인도네시아와 말레이시아는 이슬람교, 필리핀은 가톨릭교를 주로 믿는다.

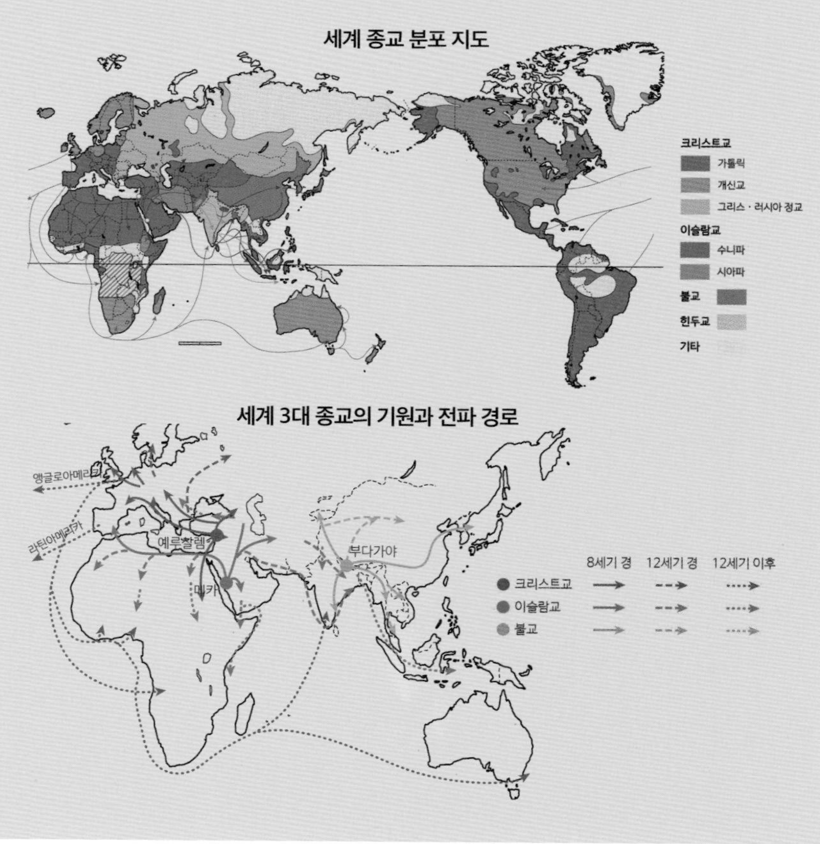

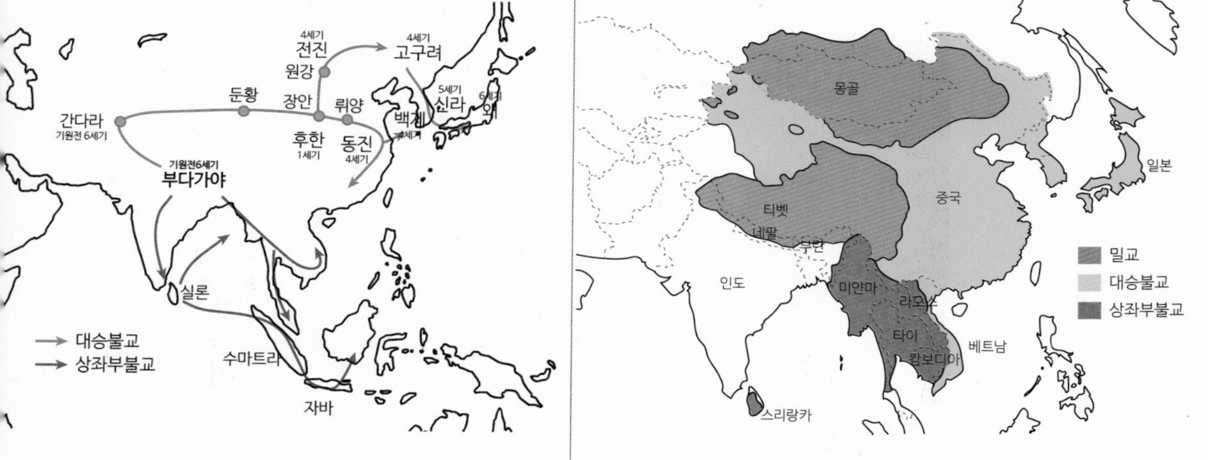

좌) 불교의 기원과 전파 경로
우) 불교 종파의 분포

하지만 같은 동남아시아라도 중국과 지리적으로 인접하여 그 영향을 많이 받은 한자문화권인 베트남은 중국을 통해 전해진 대승불교가 주류다. 중국과 한국에서 행해지던 과거제도가 베트남에도 있었으니, 베트남은 동남아시아에 발을 딛고 있지만 머리는 중국에 있다고 비유할 만큼 종교적, 문화적으로 중국과 교류가 많았다.

불교를 받아들인 나라들에서는 그 이전에 존재했던 민간신앙이 새로이 유입된 불교에 흡수, 융합되어 오늘날까지 그 나라의 종교 세계를 형성하고 있다. 동남아시아에서의 상좌부불교는 단순히 부처의 가르침을 전수하고 실천하는 출가자들의 수련이 아니라 2000여 년에 걸쳐 동남아시아 지역에서 문화를 형성해 온 종교로서 의미를 가진다.

넓은 의미의 상좌부불교는 동남아시아의 정치, 문화, 경제, 윤리, 사상, 민속 등 사회 전반에 영향을 끼쳐 온 문화적 전통이다. 예전에는 상좌부불교를 동아시아 국가에서 주로 믿는 대승불교에 빗대어 소승불교라 부르기도 했다. 상좌부불교는 고대 인도에서 전승된 정통 불교 경전을 받아들여 부처의 계율을 원칙대로 고수하는 불교다. 이는 '상좌들의 불교'라는 뜻으로, 최초의 승가 고승들에 의해 형성된 전통을 이어온 상좌들에서 기원을 찾고 있다.

상좌부불교는 개개인의 수도와 해탈을 중시하고, 부처의 계율을 원칙대로 받아들인 도덕적 수행을 통한 개인의 구원을 강조한다. 그래서 수도하는 승려인 출가자[•]는 물론 일반 신도인 재가자[••]도 부처와 같이 행위를 통해 수행을 쌓아야

• 집을 떠나 세속의 인연을 버리고 성자의 수행 생활에 들어간 불교 신자를 말한다.

•• 출가하지 않은 불교 신자들을 의미한다. 속세를 떠나지 않고 생계를 유지하는 점이 출가자와 다르다.

동남아시아의 화려한 불상

한다고 가르친다.

불교가 사회적으로 깊이 자리 잡은 태국에서 승려는 왕족 다음으로 존경받을 만큼 높은 지위에 속한다. 국왕을 비롯한 왕실 사람들도 승려 앞에서 무릎을 꿇고 절하지만 승려는 오직 부처님에게만 절한다. 승려에 대한 호칭은 태국이나 라오스, 캄보디아에서는 '신'이라는 의미를 갖는 '프라'다. 미얀마에서는 승려를 '퐁기'라고 부르는데 이는 '위대한 영광'이라는 뜻이다.

상좌부불교는 사원의 건축 양식이나 승려의 복식, 사원의 분위기, 탁발승의 모습과 식사 습관, 재가자의 보시• 행위 및 실천사항 등 여러 면에서 동아시아 국가의 대승불교와 다르다. 하지만 석가모니라는 같은 뿌리에서 시작되어 각국의 문화나 기후, 그리고 생활 관습을 반영하여 변화하고 발전해 왔다는 점은 동일하다.

• 자비의 마음으로 다른 사람에게 아무런 조건 없이 널리 베푼다는 뜻이다.

동남아시아에는 4,500여 개의 사원과 약 60만 명의 승려가 있다. 승려의 수는 평생 수행하는 출가자에 일시적인 출가자까지 포함된 것인데 이 중 40퍼센트 가량이 평생 수행한다. 상좌부불교에서는 부처는 신이 아니라 인간이며 따라서 누구나 부처가 될 수 있다고 말한다.

동남아시아의 상좌부불교 국가에서 불교는 사회적인 동질성을 부여하는 정신이자 문화와 전통의 근원이자 매개체다. 한마디로 나라의 존재와 그 나라의 사회적, 문화적, 정치적 정체성의 뿌리라고 말할 수 있다.

1. 라오스 루앙 프라방에서 탁발 중인 승려
2. 3. 임시 출가한 라오스의 남자아이들
4. 꽃을 뿌린 거리를 걷는 태국의 승려

잠깐 동안 스님으로 살아보고 싶다면?

상) 태국의 불교사원 왓 프라깨우
중) 라오스의 불교사원 왓 씨엥통
하) 미얀마의 불탑 쉐다곤 파고다

태국은 국민 대부분이 불교 신자인 동남아시아의 대표적인 불교 국가다. 태국에서는 우리나라와 다르게 스님이 되기 위해서가 아니더라도 일생에 한 번은 출가한다. 태국의 남자들은 성인이 되면 머리를 깎고 사원에 들어가 잠시 승려가 되는데 기간은 보통 짧게는 3주, 길게는 3달 정도다. 이는 대부분의 직장에서 출가하는 직원들에게 유급휴가를 주는 것으로 제도적으로도 뒷받침되어 있다.[1]

태국 사람들은 개인이 공덕을 쌓는 것을 중요하게 생각하고 최고의 공덕은 출가해 승려가 되는 것이라고 믿는다. 게다가 공덕은 해당 행위를 하는 사람뿐 아니라 가족에게도 돌아가므로 출가는 부모에 대한 최대의 보은이자 효도로 여겨진다.

한편 사원에 들어가 승려가 되면 엄격한 생활이 시작된다. 출가자는 새벽에 눈을 떠 잠자리에 들 때까지 엄격하고 까다로운 227개의 규율을 지켜야 한다. 상좌부 불교는 승려의 경제생활이나 생산활동을 금지하기 때문에 식사는 모두 신도들이 바치는 공양으로 이루어진다. 그래서 새벽 4시에 일어나 좌선을 하고 6시에 탁발을 나가는 것으로 일과를 시작한다. 탁발로 얻은 음식을 다 함께 나눠 먹으면서 아침 식사를 하고 낮 12시 이후 식사는 일절 금지된다.

짧은 기간이라 하더라도 일반인이 승려

의 모든 계율을 지키며 산다는 것은 쉬운 일이 아니다. 태국 사람들은 승려 경험을 통해 말씨나 태도가 훨씬 성숙한다고 생각한다. 그래서인지 승려 경험이 없는 사람을 '콘딥'이라 부르며 미숙한 사람으로 취급하는 경향이 있는데, 이들은 '푸 야이'라는 마을 지도자가 되기 어렵다.

라오스의 불교가 태국이나 캄보디아와 다른 점은 일반 가정 자녀들의 출가 문제다. 태국이나 캄보디아에서는 거의 모든 이가 일생에 한 번은 승단 생활을 해야 하나, 라오스에서는 출가 생활을 전적으로 본인의 의지에 맡긴다. 하지만 대부분의 남자는 전통적으로 3개월 혹은 그보다 짧은 기간 동안 임시 출가해서 수행한다. 승려가 되기 위한 출가는 보통 10세 때 하지만 더 늦는 예도 있으며, 18세가 넘어 출가할 때는 부모뿐 아니라 촌장의 허락도 받아야 한다.

같은 듯 다른 한, 중, 일 불교

중국, 한국, 일본으로 전파 확산되는 과정에서 원시 불교는 현지의 유교, 도교, 무속, 신도와 같은 토착 신앙과 융합했다. 이들 지역에서 불교는 원시 불교를 초월하여 더욱 통합적인 대승불교로 발전했다. 원시 불교에 토착 신앙이 가장 많이 수용된 것은 티베트의 라마교로 이는 후에 티베트 고원을 넘어 내륙까지 퍼져 몽골과 중국으로 전래되었다. 중국, 한국, 일본에서는 불교가 토착 신앙과 많이 융합되었다. 불교를 받아들인 토착 신앙은 외형적으로는 불교로 착각할 만큼 불교적 요소를 교묘하게 가미하고 있다. 예를 들어 우리나라에서 신내림 받은 무속인들이 자신이 모시는 신이 있는 장소를 '○○암', '○○사'라고 절의 부속 건물인 것처럼 명칭을 사용하는 것이 그렇다.

세 나라의 불교 경관을 간단히 비교하자면 한국의 사찰은 주로 도심에서 멀리 자리 잡고 있어 중국과 일본에 비해 접근성이 떨어진다. 중국은 석탑과 석불이 많고, 크고 웅장한 사찰은 화려하고 붉은색을 많이 사용한다. 그리고 일본의 모든 사찰에는 묘지가 있으며 대부분 개인 사찰이고 국립 사찰은 없다. 일본의 승

상) 한국의 사찰
중) 중국의 사찰
하) 일본의 사찰

려는 결혼을 한다.

한국은 인도불교가 아닌 중국불교를 받아들였다. 인도불교는 중국으로 전해지고 중국불교는 이후 지리적으로 가까운 한반도에 지속적으로 전해졌는데, 불교를 처음 수용한 것은 4세기 고구려 때다. 따라서 한국불교는 인도불교가 아닌 중국불교와 공통점이 많다. 한편 일본은 6세기에 이르러서야 한반도와 중국으로부터 불교를 본격적으로 받아들였다. 삼국 시대의 공식적인 기록에는 538년 백제 성왕 때 도장 스님이 불상과 경전을 가지고 일본에 건너가 일본에 불교를 전파한 것으로 쓰여 있다.

세 나라의 불교는 묘하게 닮았지만 다른 점이 더 많다. 중국의 사찰은 대체적으로 규모가 크고 웅장하며 화려하고 붉은색을 많이 사용하고 벽돌을 쌓아 만든 전탑•이 많다. 이는 벽돌의 주재료인 황토가 풍부하고 인력을 쉽게 동원할 수 있었기 때문이다.

우리나라 역시 불교가 전래된 이후 다수의 사찰과 불탑이 세워졌다. 초기 불탑은 목탑이 주종을 이루며, 석탑은 7세기 중반부터 건립되었다. 석탑은 우리나라의 대표적인 탑 양식으로, 신라 시대에 전탑 양식이 도입되기도 했지만 시간이 흐를수록 전탑보다 석탑이 더 많이 만들어졌다. 이는 벽돌의 재료인 흙 대신에 화강암을 쉽게 구할 수 있는 한반도의 자연환경 때문이다. 한반도는 3분의 2 이상이 화강암과 변성암으로 구성되어

• 점토를 방형 또는 장방형으로 빚어서 말린 뒤 800~1,000도의 가마에서 구워 만든 전으로 축조한 탑

있다. 한편 돌을 벽돌 모양으로 깎아서 전탑처럼 쌓아 만든 모전석탑이란 것이 발달했는데, 분황사 석탑이 대표적이다.
일본은 재료에 있어서는 목탑이 압도적으로 많다. 그 이유는 일본 기후의 영향이 제일 크다. 일본은 여름이 길고 후덥지근한 무더위가 계속된다. 그래서 여름에 시원하고 겨울에 따뜻함을 주는 목재가 전통가옥의 건축 재료로 주로 이용되었는데, 이는 유연성이 있는 목재로 지진에 대비한 측면도 있다. 이러한 경향은 불탑을 제작하는 데에도 영향을 미쳐 일본에서는 목탑이 주를 이룬다.

종교의 근본 목적은 우주의 힘, 인간의 정신과 육체의 조화를 통해 인간의 삶과 죽음의 한계를 극복하는 것이다. 종교는 자연의 무한한 힘과 인간의 유한한 삶 사이에서 완충적 역할을 한다. 때때로 종교는 인간 개인이 죽음의 공포를 극복하는 단순한 정신적인 믿음에 그치지 않고 인간 집단의 정치적 이데올로기로 발전한다. 종교는 '그들'과 '우리'를 배타적으로 구별하고 집단 정체성을 확립하는 사회문화적 기준을 제공한다. 종교 집단 간의 갈등과 대립은 인종 또는 언어 집단의 대립에 비해 더 심각한 경향이 있다. 따라서 종교를 이해하는 것은 종교를 믿는 신자를 이해하는 것이고 그가 속한 집단과 더 나아가 국가를 이해하는 첫걸음이 된다. 만약에 아시아를 여행하려는 서양 친구가 있다면 불교에 대한 이해를 먼저 권하는 것이 좋을 것이다.

Travel 13

기차역의 도시 재생

-프랑스 파리-

예술 작품처럼 보이는 큰 시계가 인상적입니다. 시계는 이 장소의 역사를 담고 있습니다. 시계 주변 건축물 내부의 모습은 흡사 미술관이나 박물관을 연상시킵니다.

과거 기차역이 세월이 흘러 파리의 대표적인 미술관이 되었습니다. 그곳은 1848년부터 1914년까지의 서양 미술 작품을 소장하고 있는 파리의 오르세 미술관입니다.

오르세 미술관은 파리 센강 서안에 위치한 국립미술관으로 루브르 박물관과 튈르리 궁전(현재는 튈르리 공원)을 마주하고 있습니다. 1900년 만국박람회 당시 건축가 빅토르 랄루의 설계로 기차역 내부에 건립되었으며, 사실주의, 인상주의, 상징주의를 비롯해 분리주의와 영상주의 시대를 대표하는 미술계 걸작들이 전시되어 있습니다.

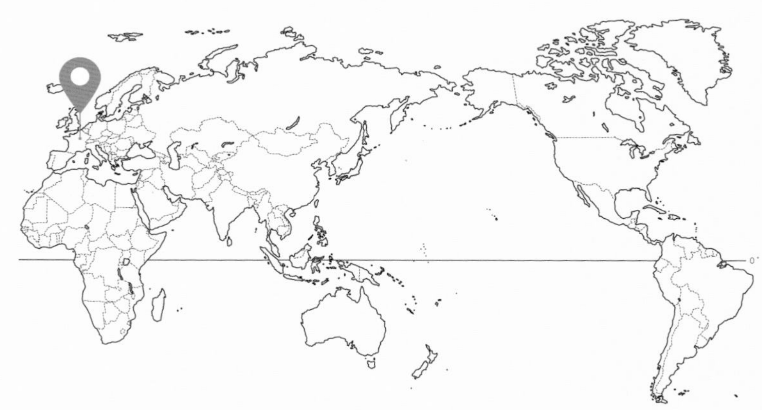

도시 재생을 상징하는 시계

미술관 내부의 중앙 정면에는 옛날 기차역에서나 볼 수 있던 큰 벽시계가 눈길을 끈다. 이는 오르세 미술관(Musée d'Orsay)이 예전에 기차역으로 사용되던 건물을 리모델링했음을 보여 주는 흔적이다. 오늘날의 기차역에서도 볼 수 없는 아날로그 시계는 과거의 감성을 그대로 가지고 있어 매력적이다.

다섯 번째 만국박람회가 1900년에 파리에서 개최되기로 결정되고 건축가 빅토르 랄루는 센강의 왼쪽 편에 고급 호텔을 갖춘 새로운 철도역의 설계를 맡게 되었다. 파리 중심에 위치한 이 역은 박람회장에서 멀지 않은 곳으로 프랑스 남서 지역에서 파리로 여행하는 여행객을 위한 것이었다. 건축을 맡은 오를레앙 철도회사는 최고 재판소, 감사원 등으로 이용되다 1871년 파리코뮌* 시기에 화재로 불타 버린 옛 오르세 궁 자리의 토지를 취득하여 인접한 오스테르리츠 역까지의 도로 연장과 건물 공사를 시행했다. 새로 지어진 역의 철골 구조물은 루브

* 프랑스 파리에서 프랑스 민중들이 처음으로 세운 사회주의 자치 정부다. 파리코뮌은 세계사에서 처음으로 사회주의 정책들을 실행에 옮겼으며, 단기간에 불과했지만 사회주의 운동에 큰 영향을 주었다.

오르세 역의 돔 모양 지붕과 중앙에 위치한 시계

상) 1905년 사람들로 북적이는 오르세 역
하) 1900년 기차가 서 있는 오르세 역 플랫폼

르 박물관, 튈르리 궁전과 조화를 이루도록 외부를 석회암으로 덮어 마감했다. 1898년에 시작된 공사는 1900년 7월에 끝났다.

이후 전동 열차가 등장하자 증기나 연기를 배출할 공간이 필요 없어진 오르세 역은 여행객의 편의를 위해 유리창으로 천장을 막고, 천장의 유리에 화려한 장식을 하여 지금 미술관 모습의 기초를 만들었다. 또한 이용객들의 편의를 위해 경사로와 엘리베이터를 설치하기도 했다. 철도 기술의 발전에 따라 새로 만들어진 열차가 오르세 역 플랫폼의 규격에 맞지 않게 되자 1939년부터는 통근 열차만 정차했다. 이후 1945년에는 죄수 및 해외 추방자 수용소로, 1958년에는 드골 장군의 정계 복귀 선언장으로, 1960년대에는 영화(<심판>, <파리에서의 마지막 탱고>) 촬영장으로 이용되기도 했다. 그러다 1960년대 후반 철거 후 건물 신축이 결정된다.

그러나 철거 허가 이후인 1971년 프랑스의 공공시설 및 주택성(부)이 신축 건물의 건축 허가를 거부했다. 결국 오르세 역과 호텔은 1973년까지 문을 닫고 방치된다. 비슷한 시기 기존 건물을 미술관으로 변경하자는 아이디어가 나왔고, 마침내 오르세 역은 1978년에 역사적 기념물로 지정됨과 동시에 A.C.T. 건축 연구소의 피에르 콜복, 르노 바르동, 장 폴 필리퐁 등 3명의 신진 건축가들이 개조 업무를 맡게 되었다.

1980년에는 저명한 여성 건축가 가에 아울렌티가 내부 개조를 맡았는데, 그녀는 두 개의 탑을 세워 건물의 안전을 확보하고 중앙통로를 폐쇄하는 형태의 건축 방식을 제안하였다. 이 프로젝트는 산업 건축물을 대형 미술관으로 개조하는 최초의 리모델링이었다. 이후 프랑수아즈 카생이 감독을 맡아 수년에 걸쳐 프로젝트를 완수했고, 1986년 12월 프랑수아 미테랑 대통령 시절 마침내 오르세 미술관이 개장했다.[1)]

매년 전 세계에서 수백만의 관람객들이 오르세 미술관을 찾는다. 철거될 뻔했던 옛 기차역의 멋진 위용을 감상하면서 미술 작품 관람을 즐길 수 있다는 점은 오르세 미술관만의 매력이다. 만약 기차역을 그냥 철거했더라면 우리는 고풍스런 현재의 오르세 미술관을 볼 수 없었을 것이다.

인상파 작품을 만날 수 있는 오르세 미술관

파리의 3대 미술관은 오르세 미술관, 루브르 박물관, 퐁피두 센터다. 루브르 박물관에는 1848년 이전의 작품이, 1914년 이후의 작품은 퐁피두 센터에 전시되어 있다. 루브르 박물관은 프랑스 파리의 중심가인 리볼리가에 있는 국립 박물관이다. 소장품의 수와 질 면에서 메트로폴리탄 미술관, 대영박물관과 함께 세

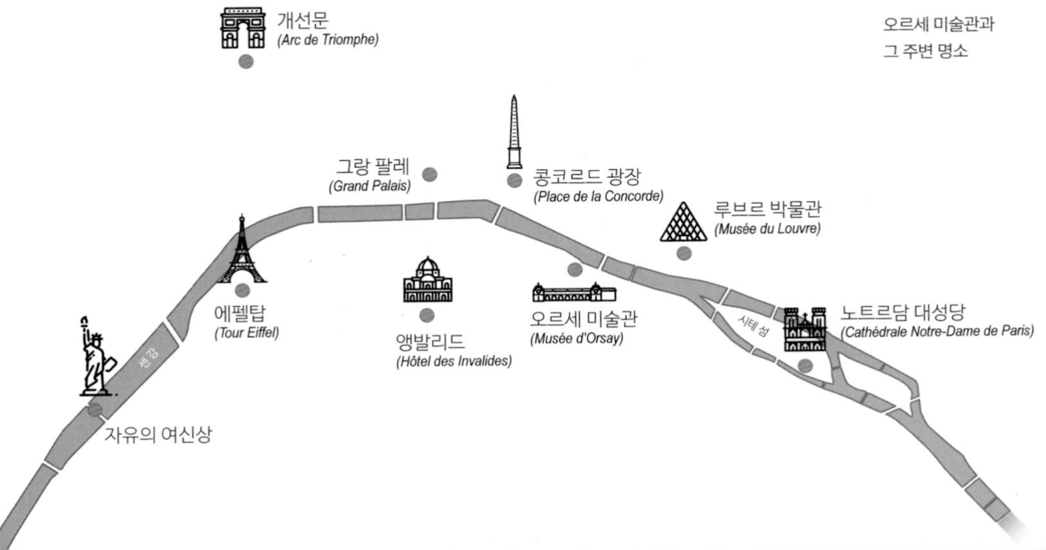

오르세 미술관과 그 주변 명소

계적으로 손꼽히는 박물관이다. 지금의 건물은 루브르 궁전을 개조한 것으로, 파리의 센강 변을 포함하여 세계문화유산으로 지정되어 있다. 퐁피두 센터는 1971년에서 1977년에 걸쳐 준공된 복합 문화시설로, 파리 4구의 보부르 지역에 있다. 사람들은 소재지구의 명칭을 따서 보부르 센터라고 부르기도 한다. 퐁피두 센터는 1969년부터 1974년까지 프랑스 대통령을 지낸 조르주 퐁피두의 이름을 딴 것으로, 1977년 12월 31일에 문을 열었다. 렌조 피아노, 리처드 로저스, 잔프랑코 프란키니 등이 설계했다.

오르세 미술관은 인상주의, 후기 인상주의 화가의 작품이 유명하지만 같은 시대 아카데미즘•을 위주로 한 19세기 미술 역시 폭넓게 소장하고 있다. 인상주의는 전통적인 회화 기법을 거부하고 색채, 색조, 질감 자체에 관심을 두는 미술 사조다. 인상주의를 추구한 화가들을 인상파라고 하는데, 이들은 빛과 함께 시시각각으로 움직이는 색채의 변화 속에서 자연을 묘사하고, 색채나 색조의 순간적 변화를 이용하여 눈에 보이는 세계를 정확하고 객관적으로 기록하려 했

• 유럽 미술 학교의 영향을 받아 제작된 회화나 조각의 양식을 말한다. 특히 아카데믹 예술은 신고전주의와 낭만주의 운동을 행한 프랑스의 미술 아카데미의 영향을 받은 미술과 미술가를 말하며, 이 두 양식을 통합하려는 노력으로 두 운동을 추종하는 미술을 말하기도 한다.

오르세 미술관 내부 전경

다. 인상주의는 1860년대 파리의 미술가들이 주도했다.

루브르 박물관에서 모나리자를 본 후 왠지 모를 허전함을 느낄 때 이를 채워 주는 곳이 오르세 미술관이다. 현대미술의 시초인 인상파 미술의 대가들이 오르세 미술관에 모두 모여 있다. 마네, 모네, 르누아르, 고흐, 고갱, 세잔 등 우리가 익히 들어 온 이름이다.

상) 고흐의 〈별이 빛나는 밤〉
하) 고흐의 〈아를의 별이 빛나는 밤〉

프랑스를 대표하는 루브르 박물관과 오르세 미술관은 EU 학생 비자면 무료입장이 가능하다. 공부를 하면서 충분히 낭만과 멋을 즐길 수 있는 셈이니, 고흐의 다양한 작품을 보며 힐링할 수 있는 시간을 가지면 좋겠다는 생각이다. 우리나라에서도 예술의 전당에서 '오르세 미술관 展'을 개최하여 고흐의 작품들을 전시한 바 있다. 당시 수많은 사람이 고흐의 작품을 보러 전시회를 찾았을 만큼 그의 작품은 우리에게 매력적이다. 세계인의 사랑을 한몸에 받는 고흐의 작품들을 맘 편히 실컷 볼 수 있는 곳이 바로 오르세 미술관이다.

고흐의 작품은 별을 바라보며 소원을 빌던 어린 시절 동심으로 돌아가게 만드는 힘이 있다. 하늘은 청록색으로 강은 감청색으로 땅은 연보라색으로 표현하고 마을은 푸른색과 보라색으로 가로등은 노란색으로 나타낸 작품을 보면 머릿속 상상력이 절로 빛나게 된다. 현재 고흐의 <별이 빛나는 밤>은 미국 뉴욕의 모마(MoMa) 미술관이, <아를의 별이 빛나는 밤>은 오르세 미술관이 소장하고 있다.

낭만과 로맨스의 센강

프랑스 시내를 관통하는 센강은 프랑스 중북부를 흐르는 길이 776킬로미터, 유역면적 약 7만 8,700제곱킬로미터에 이르는 강이다. 우리나라 한강은 길이 514킬로미터, 유역면적 2만 6,219제곱킬로미터로 센강이 한강보다 긴 강이다. 다만 센강은 한강에 비해 폭이 좁다. 하지만 과거에는 중요한 내륙수로의 역할을 했고 현재는 유람선이 오가고 사람들이 산책하는 모습이 아름다운 곳이다.

파리는 센강을 중심으로 도시 곳곳에 역사가 살아 숨 쉬고, 아름다운 경관을 가지고 있어 전 세계 사람들의 발길을 사로잡고 있다. 특히 낭만과 로맨스를 이야기할 때 많이 거론되는 센강이 가지는 로맨틱한 장소성은 독보적이라 할 수 있다.

오르세 미술관에는 과거 기차역이었음을 알려 주는 흔적이 많이 있다. 곳곳의 시계들과 주변 경관을 조망할 수 있는 미술관 꼭대기가 그렇다. 그곳에서는 투

오르세 미술관과 센강

좌) 오르세 미술관 시계 너머로 보이는 몽마르트르 언덕
우) 몽마르트르 언덕에서 바라본 파리 전경

명한 벽시계 틈으로 파리 시내를 볼 수 있는데, 오르세 미술관의 유명한 포토존이어서 많은 관광객들이 사진을 찍으려고 줄을 서서 기다리는 곳이다. 시계 하나로 관광객의 마음을 사로잡는 매력적인 장소를 만든다는 것은 우리가 배울 점이다. 과거의 것을 현대와 접목하여 잘 활용하는 지혜가 우리에게도 필요하다.

몽마르트르는 자유분방함을 즐기는 예술가들의 공간으로 알려져 있다. 해발 130미터의 낮은 언덕이지만 파리의 시가지를 한눈에 내다볼 수 있는 곳이다. '순교자의 언덕' 또는 '머큐리산'에서 그 어원이 유래한 몽마르트르는 12세기 이후 수도원의 본산지가 되었다. 1871년 몽마르트르는 파리코뮌의 중심지기도 했다.

오르세 미술관은 과거의 기차역에서 미술관으로 변화해 가는 과정을 통해 문화가 발전하는 모습을 보여 준다. 예전의 흔적을 모두 철거하거나 지우지 않고 기존의 건물을 활용하여 더욱 매력적인 장소로 변화시킨 모습이 인상적이다.

파리의 센강 주변은 오르세 미술관뿐만 아니라 루브르 박물관, 에펠탑 등의 다양한 문화 유적을 함께 볼 수 있는 곳이다. 특히 햇볕이 좋은 날에 오르세 미술관에 가면 유리 돔 천장 벽에 걸린 시계 옆으로 쏟아지는 따스한 햇살을 맞이할 수 있다. 파리에서 여러 날을 여행하며 과거와 현재를 만끽할 수 있다면 더욱 의미 있는 여행이 될 것이다.

Travel 14

붉은 빛깔 홍차의 나라

-인도-

붉은 빛깔의 전통 의상을 입은 여성들이 찻잎을 따고 있습니다. 뒤쪽으로 경사진 차밭이 있는 것을 보니 구릉지인 듯합니다.

여성들이 입고 있는 옷은 인도의 전통 의상인 사리•입니다. 인도인들은 바느질을 하지 않은 옷을 깨끗한 것으로 생각합니다. 사실 사리는 옷이라기보다는 긴 천이라고 하는 것이 맞는 말입니다.

여성이 이마에 찍은 점은 빈디••입니다. 빈디는 양쪽 눈썹 중간에 찍는데 이곳은 힌두교 전통에서 생명의 기운이 모이는 곳으로 여겨집니다. 전통적으로 결혼한 여성들이 이 점을 찍었으나 요즘에는 결혼한 여성에게만 국한되지는 않습니다. 힌두교 부와 풍요의 신인 락슈미 여신의 이마에도 빈디가 그려져 있습니다.

구릉지에서 재배되는 것은 차입니다. 세계 최대의 차 생산국이자 소비국으로, 세계 홍차 유통량의 40퍼센트 이상을 차지하는 인도는 홍차의 시작이자 그 중심입니다.

• 산스크리트어에서 유래한 말로 얇은 천을 뜻한다.

•• 산스크리트어에서 유래한 말로 방울 혹은 점을 뜻한다.

차가 재배되지 않는 홍차의 나라 영국

포르투갈과 네덜란드의 상인들에 의해 중국에서 생산된 차가 유럽에 전파된 것은 17세기 초였다. 유럽으로 전파된 차는 귀족과 부유층에게 인기였다. 특히 1662년 영국의 찰스 2세와 포르투갈의 공주 캐서린 브라간자의 정략결혼 당시 캐서린이 마시기 위해 가져온 한 덩어리의 차가 영국 왕실에 차 마시는 풍습을 정착시켰다. 런던의 귀족과 부유층은 네덜란드에서 들여온 차를 마시기 위해 런던 익스체인지 거리에 위치한 커피하우스 게러웨이로 몰려들었다. 당시 영국인들에게는 낯설고 먼 미지의 나라에서 온 신비의 음료였던 차는 1파운드(1lb는 약 454그램)에 6~10파운드(1£는 약 1,450원)로 매우 고가였다. 이후 19세기에는 홍차를 마시는 습관이 서민들에게까지 널리 퍼져 영국인들의 국민 음료가 된다.

19세기 초까지 영국은 중국에서 들여오는 것 이외에는 차를 구할 다른 방법이 없었다. 1600년 12월 영국의 엘리자베스 여왕의 허가를 받아 설립된 동인도회사는 중국에 아편을 팔고 그 대금으로 차를 샀다. 무굴제국의 쇠락을 틈타 인도에서 식민지 정책을 본격적으로 시행한 영국은 인도에서 생산된 아편을 중국에 팔고 그 돈으로 차를 샀고, 차에 매긴 세금으로 정부 예산을 마련했다. 당시 영국 정부 국고 수입의 10분의 1이 차에 매긴 세금이었다.

영국은 고가의 중국산 차를 대신하기 위해 수입의 다변화를 꾀했고, 그러던 중 1823년 로버트 부르스가 인도의 아삼 지역에서 야생차를 발견했다. 하지만 중국종과 다르다는 이유로 아삼종은 차나무로 인정받지 못했다. 그러나 1836년 찰스 브루스가 아삼 지역에 다원을 조성하고 생산한 아삼차 12상자를 런던으로 보내 1839년 1월 경매에 성공함으로써 인도 차 수출의 발판을 마련했다. 곧 영국의 투자자들은 아삼의 차 재배에 참여하게 되었고, 이후 1860년 무렵부터는 인도 북동쪽 다즐링과 남서쪽 닐기리까지 세 지역에서 본격적으로 홍차를 생산하게 되었다.

아삼 지역과 징포족

아삼은 '코뿔소의 땅'이라는 뜻으로 인도의 북동부에 위치한 지역이다. 히말라야산맥에서 발원한 브라마푸트라강이 동서로 흐르는 완만한 평원으로 하천유역에서는 쌀을, 구릉지에서는 차를 재배한다. 연간 강수량은 2,000~3,000밀리미터 정도이고 대기는 습윤하며 우기에는 기온이 40도까지 올라, 차 생산에 좋은 조건을 가지고 있다.

아삼에는 타이계 소수민족 아홈족과 징포족이 거주하는데 이들이 바로 영국인 로버트 브루스에게 아삼의 야생차를 소개한 사람들이다. 이들은 어떻게 이곳으로 왔을까? 중국의 장강 유역에서 동남아시아의 산지에 분포하던 타이족의 일부가 미얀마를 거쳐 인도의 아삼으로 이주했고 이들에 의해 차나무도 아삼으로 옮겨졌을 것으로 추정된다. 1841년 아삼 지역에 다원을 개발한 윌리엄 로빈슨은 징포족이 죽통차와 땅속에 묻어 발효시키는 방법으로 오래전부터 차를 마셔 왔다는 내용을 기록으로 남겼다.

중국 차의 독점을 막기 위해 선택한 인도 차

영국인의 생활필수품으로 자리매김한 차는 중국이 그 공급을 독점하고 있어 만약 중국이 공급을 중단할 경우, 영국은 난처한 상황에 놓일 수밖에 없었다. 당시 인도 총독이었던 윌리엄 벤팅크는 중국 차의 독점을 막기 위해 인도에서 상업적 차 농장을 만들자는 제안을 받아들여 1834년 동인도회사 관리들과 식물학자 등으로 차재배위원회를 구성했다. 이들은 인도가 차의 원산지인지 그리고 인도에서 상업적인 차 농장이 가능한지, 차를 재배하는 최적의 조건이 무엇인지를 조사했다. 인도에서 차 재배에 적합한 땅을 찾고, 차의 재배와 제조 및 가공에 관한 조사와 실험을 실행한 것이다. 차재배위원회는 인도 전역을 답사한 후 인도에서 차 농장이 가능하다는 결론을 내렸다.

1839년 아삼 컴퍼니가 설립되고 다원을 개발했으나 초기에는 중국종 차나무에 집착한 나머지 큰 성과를 거두지 못했다. 그러나 이내 아삼의 땅에는 아삼종 차나무가 적합하다는 의견을 수용하여 이를 재배했고, 1849년에 25만 파운드를 생산한 후 1853년부터는 본격적으로 기계를 도입, 대량생산체제를 갖춘다. 이때 부분발효차로 만들던 차가 완전발효된 홍차로 변화를 겪게 되었고, 1855년 58만 파운드, 1862년 200만 파운드, 1866년 600만 파운드로 생산이 늘어났다. 그리고 1860년대 후반 인도 차 산업의 붕괴를 경험하면서 비용절감과 품질개선을 위한 노력으로 중국 차보다 색과 향이 진하고 자극적인 맛을 가진 인도 홍차만의 제다법을 개발하기에 이른다.

인도의 다즐링, 아삼, 닐기리

인도의 3대 차 생산지
다즐링, 아삼, 닐기리

연간 130만 톤의 차를 생산하는 인도의 유명한 차 생산지는 다즐링, 아삼, 닐기리다. 다즐링은 히말라야산맥의 해발 2,000미터 고지대로, 약한 산성의 배수가 잘되는 토양을 가지고 있다. 큰 일교차로 인한 짙은 안개와 구름이 태양으로부터 찻잎을 보호하는 데다 풍부한 강수량과 맑고 깨끗한 공기로 인해 우수한 차가 생산된다. 다즐링 차는 고급 홍차로 인정받고 있다. 다즐링은 인도에서 중국종 차나무가 살아남은 유일한 지역으로 이곳은 겨울은 춥고 여름은 서늘해 내한성이 있는 중국종 차나무가 자라기에 적합한 환경을 가지고 있다. 다즐링의 연간 생산량은 1만 톤 정도로 전체 인도 생산량의 약 1퍼센트를 차지한다.

인도 동북부에 위치하여 부탄 및 방글라데시와 국경을 맞대고 있는 아삼은 티

인도 다즐링의 차밭

벳에서 발원하여 인도로 흐르는 브라마푸트라강이 만들어 낸 비옥한 토지로 인해 인도 최대의 차 생산지를 이루고 있다. 브라마푸트라강 양쪽 해발 50~500미터의 경사지나 구릉지가 바로 차 재배지다. 이곳의 여름이 고온 다습하며 강수량 또한 풍부하여 차의 생육에 매우 적합한 환경을 갖고 있다. 아삼은 인도 차 총생산량 중 50퍼센트 이상을 재배하는데 이는 세계 최대의 차 생산량이다. 아삼의 홍차는 진한 빛깔과 맛 때문에 밀크티로 유명하다.

인도 남서쪽 끝에 위치한 닐기리는 닐기리 힐스 혹은 블루 마운틴이라 불린다.

닐기리의 차 재배지는 해발고도 1,200~1,800미터의 산지에 분포하며 풍부한 강수량과 노동력을 갖고 있다. 닐기리가 차로 유명해진 것은 중국종 차나무를 재배하려는 시도가 번번이 실패한 후 19세기 후반 스리랑카를 통해 아삼종 차나무가 도입, 재배되면서부터다. 현재 닐기리는 인도 차 총생산량 중 25퍼센트를 생산한다.

홍차 한 잔의 여유 뒤에 숨겨진 열악한 노동

영국 BBC 방송은 2015년 세계적인 차 생산지 인도 아삼 지역 현지 노동자의 생활 실태를 보도했다. 노동자들의 하루 급여는 115루피(약 1.5달러) 가량으로 인도 최저 임금 177루피보다도 낮았다. 게다가 거주 환경과 노동 조건이 열악하고 아동 노동력 착취 또한 심각한 상태였다. 방송에서는 영국인이 오후에 다과와 함께 즐기는 홍차 한 잔을 생산하기 위해 인도의 차 농장에서 희생하는 노동자의 모습이 너무나도 비인간적이며, 영국의 기업들이 과거 인도 식민지 시절부터 노동자 인권이나 복지에 관심을 갖지 않았기에 개선이 이루어지지 않는다는 점을 지적했다.

인도의 차 농장은 19세기 중반 영국의 제국주의 확장에 따른 식민지 산업으로 시작되었다. 당시 차 농장은 식민지 원주민의 노동력을 이용하는 플랜테이션 농업의 형태였는데 그 영향으로 현재까지 열악한 노동 환경과 인권침해, 고용 불안 등이 유지되어 빈곤과 경제적 불평등을 심화시키고 있다.

인도인의 차 문화 짜이

인도의 차는 영국과 중국의 무역전쟁에서 비롯되었다. 영국의 식민지였던 당시, 인도는 영국에 차를 공급하는 생산지로서 영국식 홍차를 만들게 되었고 진

인도의 짜이

하게 우려낸 홍차에 우유와 향신료를 넣어 마시는 독특한 차 문화 짜이(chai)를 발달시켰다. 중국에서 시작된 차 문화가 영국을 통해 인도로 들어오면서 인도인들만의 독특한 형태로 발전한 것이다. 영국의 식민지배로 고단한 노동 환경에 처해 있던 노동자들이 피로를 달래려 마시던 것이 오늘날 인도인들의 일상에서 중요한 부분이 되었다.

도시 여행

Indian Ocean
AYERS ROCK
RIO DE JANEIRO
Arctic Ocean
Greenland
Alaska
Atlantic Ocean
Pacific Ocean
Sahara
Tibet
Himalaya
REYKJAVIK

18D02

Travel 15

버스로 이룬 세계적 환경 도시

-브라질 쿠리치바-

도로 중앙에 위치한 전용차로 위로 붉은색 버스가 다니고, 기다란 이중 굴절형 버스가 멈춘 곳 옆으로 원기둥 형태의 정류장이 보입니다. 이는 브라질 남부에 위치한 쿠리치바의 버스 중심 교통 시스템을 보여 줍니다.

세계 각국의 대도시들은 인구와 기능이 집중되면서 교통 문제, 환경 및 주거 문제 등 다양한 도시 문제를 겪고 있습니다. 대중교통을 이용하는 인구가 증가한 많은 도시들은 대부분 지하철을 그 해결책으로 선택합니다. 하지만 지하철은 건설비용이 매우 크고 건설 기간도 오래 걸리는 단점이 있습니다. 쿠리치바는 지하철 대신 버스 중심의 교통 체계를 구축하여 늘어나는 대중교통 수요를 충분히 감당해 낸 전 세계적인 모범 사례로 꼽히는 도시입니다. 쿠리치바에서는 이중 굴절 버스가 중앙의 전용차로를 이용하고 일반 차량은 양쪽으로 통행합니다. 버스 노선과 평행한 인접 구역의 도로는 일방통행으로 구성되어 빠른 교통 흐름과 버스의 원활한 운영을 보장합니다.

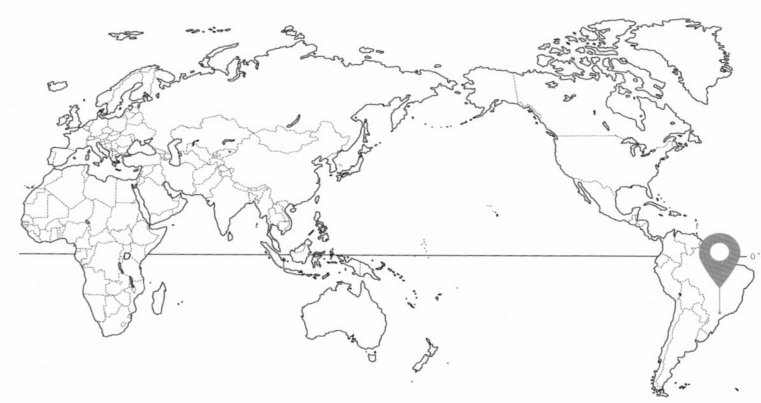

브라질 남부의 중심 도시 쿠리치바

쿠리치바(Curitiba)는 브라질 남부 파라나주의 중심 도시로 브라질 남부에서 가장 인구가 많고 경제 규모가 큰 도시다. 이 도시는 대중교통 중심의 도시 교통 정책과 녹지 확보, 도시 농업 등 환경 보존과 지속가능성을 높이는 정책으로 인해 세계적으로 유명하다. 선진적인 교통 정책뿐만 아니라 브라질의 다른 지역에 비해 높은 인간 개발 지수(0.856)와 낮은 범죄율로 인해 브라질에서 안전한 도시 중 하나로 꼽힌다. 해발고도 932미터의 비교적 높은 지역에 자리 잡고 있는 쿠리치바는 옛날에는 가축 교역에 기반한 경제 구조를 가진 지역이었으나 현재는 브라질과 라틴 아메리카에서 가장 부유한 도시 중 하나다.

쿠리치바 중심부인
아구아 베르데

버스 중심으로 구성한 대중교통 체계

녹색 라인의
마레샬 플로리아누 정류장

쿠리치바는 간선급행버스체계(이하 'BRT')로 유명한 도시다. BRT는 버스 전용차로, 편리한 환승시설, 교차로에서의 버스 우선통행 및 그 밖의 법령이 정하는 사항을 갖추어 급행으로 버스를 운행하는 대중교통 체계다. 이는 버스 운행에 철도 시스템의 개념을 접목하여 대도시에서 버스의 속도 및 서비스 수준을 정시성을 갖춘 철도 수준으로 개선해 운영하는 것이다. 1960년대 미국에서 대규모 대중교통 체계를 마련하면서 처음 등장한 BRT 구상은 1974년 쿠리치바에서 최초로 구현되었다.[1]

광산이 많았던 쿠리치바는 도시 면적 중 녹지가 차지하는 면적이 매우 작은 가난한 소도시였다. 1960년대 인구가 43만 명에 이르자 인구 증가로 인해 도시의 성격이 손상될 것이라는 우려가 나타나기 시작했다. 1964년 건축가 자이메 레르네르는 도시의 무분별한 공간적 확장을 막고 도심 지역의 교통량 저감, 역사지구의 보존 및 편리하고 저렴한 대중교통 시스템을 주 내용으로 하는 도시계획을 제안했다. '쿠리치바 마스터 플랜(Curitiba Master Plan)'으로 알려진 이 계획을 토대로 레르네르는 '11월 도로'를 차량이 다닐 수 없는 보행자 전용도로로 만들고 교통량을 최소로 줄이기 위한 '3중 도로 체계'를 제안했다.

3중 도로 체계는 버스 전용 도로와 일반 차량이 운행하는 도로를 모두 일방통행으로 구성하여 완전히 분리하는 것이다. 먼저 중앙부에 다른 차량은 다닐 수 없는 급행버스 전용의 2개 차로와 일반 차량용 도로(급행버스의 진행 방향과 같은 방향의 일방 통행로)를 배치한다. 이 중심 축 건너 구획을 지나는 도로들은 일반 차량의 통행을 위한 급행 도로로 배치하는데 한쪽 구획의 거리는 모두 도심으로 향하고 반대쪽 구획의 거리는 모두 교외로 나가는 방향의 일방통행 도로로 구성했다.[2]

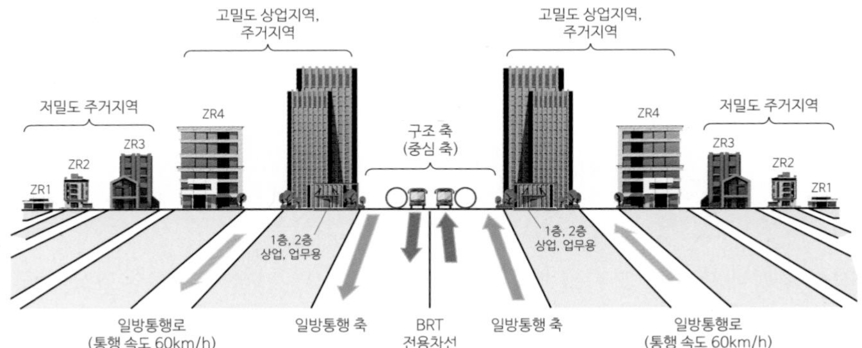

쿠리치바 BRT 시스템

이 간선급행버스체계를 쿠리치바에서는 RIT라고 부른다. 쿠리치바의 RIT는 81킬로미터에 달하는 버스 통행로를 가지고 있으며 도시의 여러 지역에 있는 통합 터미널을 연결하며 매일 약 200만 명의 승객을 수송한다. RIT의 특징 중 하나인 이중 굴절 버스는 한 번에 최대 270명의 승객을 수송할 수 있으며 전 구

이중 굴절 급행버스 노선과
직통버스 노선

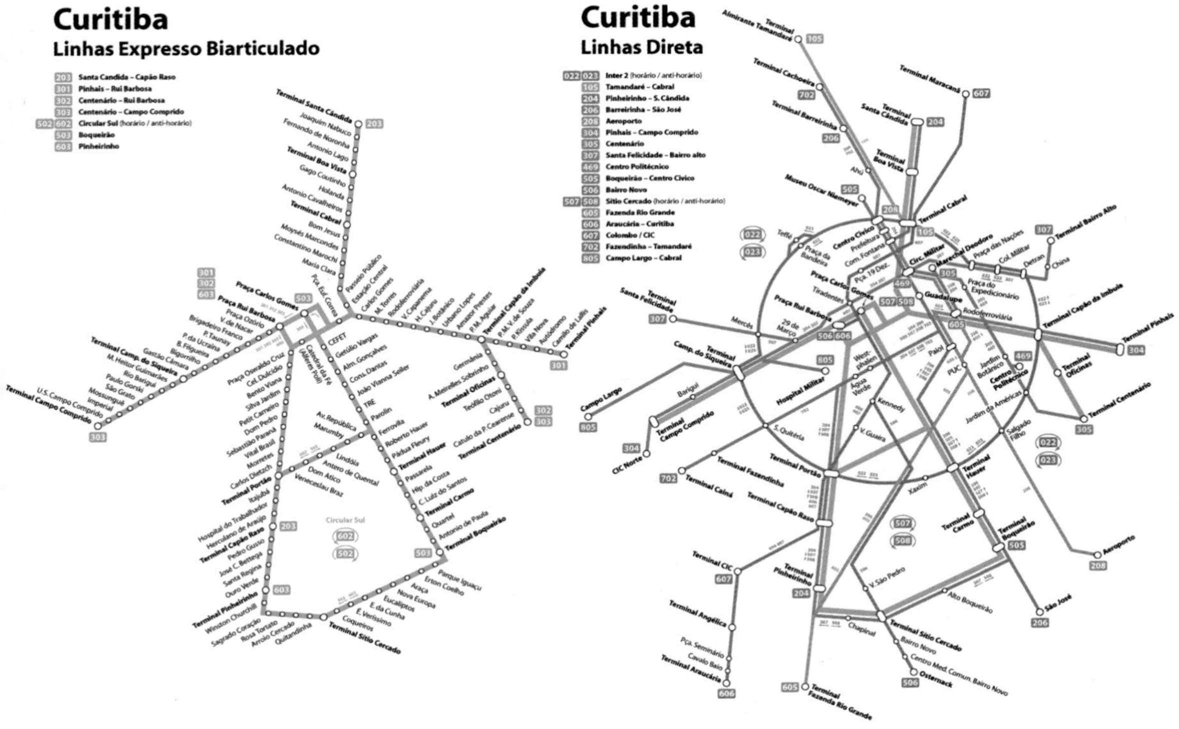

간에서 단일 요금 체계를 선택하고 있다. 이 이중 굴절 버스는 원기둥 형태의 정류장에 정차하여 장애인의 접근성과 승객의 승하차 편의를 높이고 있다. 급행버스 외에도 중간 정거장이 거의 없이 통합 터미널 간의 신속한 승객 수송을 담당하는 '라이트 버스' 시스템도 마련되어 있다.[3]

색깔별로 다른 기능을 갖는 버스 노선 중에는 병원들을 연결하는 노선과 신체·정신적 장애가 있는 시민을 위해 35개의 전문학교를 연결하는 특수 교육용 통합 노선도 있다. 이 노선은 무료로 운영되며 43개의 노선이 하루 2,100명의 학생을 수송하고 있다. 또한 운동, 지적·정서적 측면에서 기능적 독립성이 없어 다른 대중교통 수단을 사용할 수 없는 장애인을 위한 노선도 운영된다. 이 노선은 가정에서 사용자를 픽업하여 상담, 시험, 재활, 건강 서비스를 받고 다시 가정으로 돌아갈 수 있도록 서비스를 제공한다.

● 대지 면적에 대한 건축 면적의 비율

또한 쿠리치바에서는 버스 노선과 가까운 지역의 건폐율● 을 높게 허용하고 노선과의 거리에 따라 건축물의 높이를 제한하는 등의 제도를 도입해 버스 노선을 따라 인구집중지역이 형성되도록 유도했다. 간선급행버스 노선에는 2~5킬로미터마다 환승 터미널을 만들고, 터미널 가까이에 시청과 전력회사, 수도국의 출장소와 병원, 쇼핑센터 등을 만들어 도심까지 나가지 않아도 행정서비스를 받고 쇼핑을 할 수 있게 했다. 이런 정책으로 쿠리치바는 지하철 건설비의 10~20퍼센트의 비용로 시속 30킬로미터의 속도를 내는 대중교통 체계를 만들어 내는 성과를 거두었으며 자가용 교통량을 같은 규모의 다른 도시보다 30퍼센트 이상 줄이는 데 성공했다.[4]

원기둥 모양의 버스 정류장

숲의 도시[5)]

쿠리치바는 공원 조성으로 도시의 슬럼화 문제를 해결한 '숲의 도시'로도 불린다. 1940년대 이후 산업화로 농촌 사람들이 일을 찾아 쿠리치바로 이주하기 시작하면서 하천가나 빈 공공용지에는 '파벨라'라 불리는 빈민가가 형성되었다. 이에 쿠리치바에서는 1970년대부터 빈민가가 만들어질 것 같은 공공용지를 공원으로 만드는 정책을 도입, 빈민가의 형성을 막았다. 또한 하천 주변에 있던 홍수를 막기 위한 범람원(습지) 역시 공원화했다. 이후 도심 인구가 늘어나자 자연스럽게 시가지가 넓어지고 공원 주변은 주택가로 변화했다. 그리고 공원은 시민들의 휴식처로 자리 잡았다. 1972년에 쿠리치바의 1인당 공원 면적은 0.6제곱미터에 불과했지만, 현재는 1인당 52제곱미터로 노르웨이 오슬로에 이어 세계에서 두 번째로 많은 녹지를 가진 녹색 도시가 되었다.

녹색 교환 제도를 이용하는 시민

쿠리치바는 쓰레기 수거 방식도 독특하다. 집 앞에 지상에서 1미터 정도 떨어진 거치대를 만들어 쓰레기를 올려놓도록 했다. 또 '녹색 교환 제도'는 재활용할 수 있는 쓰레기를 모아 오면 시청에서 쓰레기 4킬로그램당 농산물 1킬로그램으로 바꿔 주는 것으로 쓰레기 재활용을 높이고 쓰레기 배출량을 절반으로 줄이는 성과를 거두었다. 이 제도는 특히 빈곤층에서 큰 호응을 얻었는데, 계층 간 사회통합 및 경제 성장에까지 영향을 끼쳤다.[6)] 특히 분리수거된 물품을 분리하고 재생하는 공장에 알코올 중독자나 실업자, 장애인들을 고용해 사회에 적응할 수 있게 도왔는데, 1990년 유엔환경계획(UNEP)으로부터 '우수환경 및 재생상'을 받는 등 국제적으로도 높은 평가를 받았다.

작지만 큰 도서관, 지혜의 등대

지혜의 등대

쿠리치바에는 도서관을 겸한 등대가 있다. 저소득층 지역에 많이 설치된 등대 모양의 작은 도서관은 저소득층의 정보 및 교육 기회를 확대하기 위해 만든 것이다. 고대 알렉산드리아의 파로스 등대에서 영감을 받아 만들어진 '지혜의 등대'는 쿠리치바 시내 시립초등학교 근처에 54개소가 운영되고 있으며 등대당 평균 3,000여 명이 이용 중이다. 쿠리치바는 인구 10만 명당 도서관 수에서 세계 최고를 기록하고 있다.[7] 최근 지혜의 등대는 3D 프린터로 제품을 제작할 수 있는 메이커 공간으로 탈바꿈하고 있다.[8]

넓고 큰 나라 브라질의 환경 수도

남아메리카에서 가장 큰 나라인 브라질은 851만 5,767제곱킬로미터(북한을 제외한 우리나라 면적의 약 85배)의 국토와 2억 1,000만 명의 인구를 가진 나라다. 남아메리카 대륙의 절반 정도를 차지하고 있는 브라질은 해안선이 7,491킬로미터나 되고 에콰도르와 칠레를 제외한 남아메리카의 모든 나라와 국경선을 맞대고 있다. 우리에겐 커피 생산국의 이미지가 강하지만 사실 브라질은 2019년 GDP가 2조 3,668억 달러(PPP 기준)로 세계 8위의 경제 규모를 자랑하며 G20, BRICS, MERCOSUR(남미공동시장)의 멤버이기도 하다.

북위 6도부터 남위 34도까지 걸쳐 있는 브라질은 적도와 회귀선(남회귀선)이 동시에 지나는 유일한 나라이며 동서로도 서경 28도부터 74도까지 걸쳐 있어 시

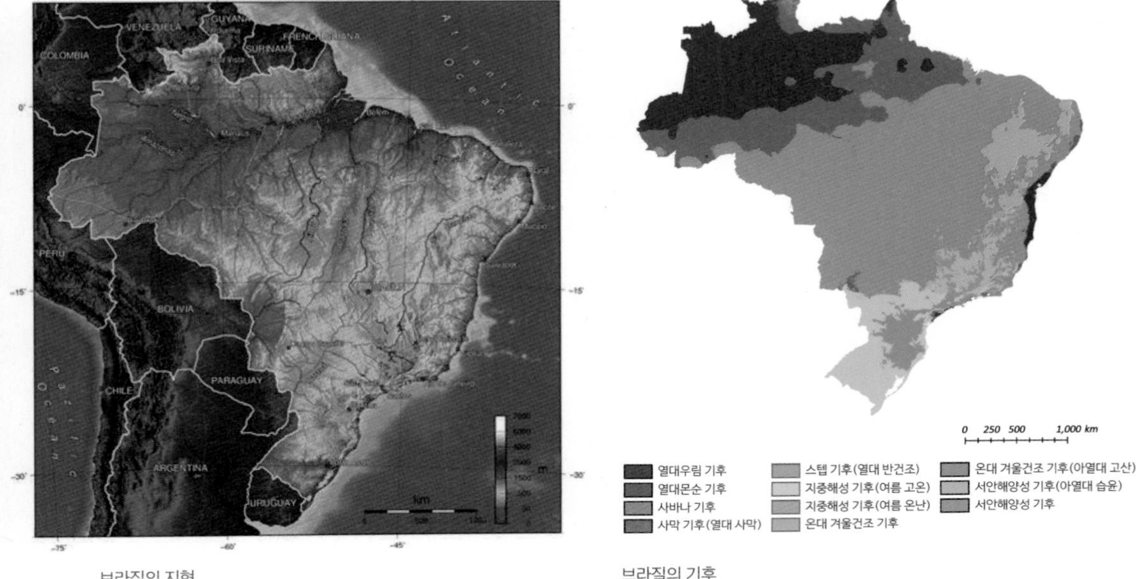

브라질의 지형

브라질의 기후

간대가 네 개나 된다. 지형은 200~800미터 사이의 저지대 지역과 국토의 절반을 차지하는 남부 고지대로 구성되어 있다. 남동쪽은 더 험준하여 복잡한 능선과 산들이 약 1,200미터까지 솟아 있다. 브라질은 조밀한 하천 체계를 갖고 있는데, 대서양으로 흘러드는 아마존, 파라냐, 이과수, 네그로, 상 프란시스코, 싱구, 마데리아, 타파호스 강은 여덟 개의 유역분지를 만들어 낸다.

브라질 북부의 아마존강 및 주변 지역은 열대우림 기후, 그 남쪽 대부분 지역은 사바나 기후여서 브라질 전체 면적의 4분의 3 정도가 열대 기후에 속한다. 남부 지방에는 온대습윤 기후와 서안해양성 기후가 나타나기도 한다.

쿠리치바가 갖는 의미는 브라질뿐 아니라 세계적으로도 매우 중요하다. 도시라는 생활 공간에서 살아가는 현대인이 점점 더 많아지고 있기 때문에 쿠리치바와 같은 생태 도시의 의미 역시 중요해지고 있다. 도시에서 어떻게 인간다운 생활을 할 것인지에 대한 관심이 높아질수록 더욱 그러할 것이다.

Travel 16

오스트레일리아의 랜드마크를 가다

-오스트레일리아 시드니-

옷걸이 모양의 독특한 아치 모양의 다리가 예술 작품처럼 보입니다. 다리 건너 왼쪽에는 많은 사람들이 알고 있는 오렌지 껍질을 까놓은 모양의 건물이 보입니다. 다리 위에 펄럭이는 두 개의 국기는 어느 나라의 국기일까 하는 궁금증이 생깁니다.

오스트레일리아의 대표도시 시드니의 랜드마크인 하버 브리지와 오페라 하우스입니다. 버려진 쓰레기통에서 기사회생하여 만들어진 독특한 모양의 지붕을 가진 오페라 하우스는 발상의 전환을 통해 탄생한 대표적인 건물입니다. 하버 브리지는 단순한 다리가 아닌 대공황 시대에 경기를 부양하여 경제적 어려움을 극복하게 해 준 기회였습니다. 하버 브리지 위에는 오스트레일리아 국기와 영국 국기가 펄럭이고 있습니다. 우리나라의 유명한 다리에도 태극기가 걸려 있다면 하버 브리지와 비슷한 느낌이 나지 않을까요?

영국이 선택한 도시, 시드니

오스트레일리아의 관문인 뉴사우스웨일즈주 시드니(Sydney)는 세계적인 미항• 으로 손꼽힌다. 70여 개의 해변을 가진 바닷가의 이 도시는 오스트레일리아 인구(약 2,500만 명)의 5분의 1이 거주할 정도로 매력적인 도시다. 항구의 입구는 험준한 사암 곶이 주변을 압도하는데 이곳을 통해 태평양으로 나아갈 수 있다. 최난월(2월)의 평균기온은 22도, 최한월(7월)의 평균기온은 12도로 날씨는 온화하고, 우리나라와 같은 온대 기후지만 전혀 다른 특성을 보인다.

• 세계 3대 미항은 이탈리아의 나폴리, 브라질의 리우데자네이루, 오스트레일리아의 시드니를 말한다.

시드니는 오스트레일리아의 수도일까? 많은 사람들이 그런 착각을 하지만 실제 오스트레일리아의 수도는 캔버라다. 시드니는 많은 사람이 수도로 착각할 정도로 오스트레일리아의 대표적인 도시다. 시드니의 가장 큰 매력은 고풍스런 멋짐과 현대적 세련됨이 공존하는 것인데, 지리적 위치 덕분에 서구의 문화와 아시아의 문화가 혼합되어 더욱 매력적인 도시가 되었다.

시드니
(Sydney)
캔버라
(Canberra)
멜버른
(Melbourne)

시드니와 캔버라

시드니라는 이름은 오스트레일리아를 발견한 영국인 탐험가 제임스 쿡이 지은 것으로, 그의 후원자이자 당시 영국 각료였던 시드니 토마스 타운젠트의 이름을 딴 것이다. 시드니는 19세기 전반까지는 영국의 식민지 중 최대 도시였다. 1851년 오스트레일리아에서도 골드러시•• 가 일어나면서 인구는 급격히 증가하고 급속한 산업화가 진행되었다. 그러나 영국과 연결되는 대권항로•••에서 멜버른이 지리적으로 유리한 위치여서 시드니는 제2의 도시가 되었다. 이때부터 멜버른과 시드니의 경쟁 관계가 시작되었는데, 20세기에 이르러 시드니가 다시 멜버른 인구를 추월한 후 지금까지 오스트레일리아 최대 도시의 위치를 고수하고 있다.

•• 금이 발견된 지역으로 노동자들이 대거 이주하던 현상을 말한다. 19세기 오스트레일리아, 브라질, 캐나다, 미국, 뉴질랜드 등에서 나타났다.

••• 대권을 따라 설정한 항로로, 출발점과 종착점을 연결하는 최단 거리다.

시드니 달링 하버

다리 위에서 펄럭이는 영국 국기

하버 브리지 한가운데 펄럭이는 오스트레일리아 국기는 오스트레일리아 사람들의 자부심을 느낄 수 있는 대표적인 상징물이다. 우리나라에도 수많은 다리가 있음에도 태극기가 걸린 다리가 없는 것을 보면 약간의 씁쓸함이 느껴진다. 오스트레일리아 국기, 특히 국기의 왼쪽 윗부분을 보면 자연스레 유럽의 한 나라의 국기가 떠오른다. 바로 영국의 국기다.

오스트레일리아 국기와 영국 국기

오스트레일리아 국기의 왼쪽 위에 있는 영국 국기 유니언잭은 오스트레일리아가 영국 연방의 일원임을 알려 준다. 하얀색의 칠각별은 연방의 별로 오스트레일리아 독립 이전의 일곱 개 주가 통일되어 연방을 이루었다는 것을 의미한다. 현재는 여섯 개의 자치주*와 두 개의 특별구로 구성되

* 여섯 개의 자치주는 뉴사우스웨일즈, 퀸즐랜드, 사우스오스트레일리아, 태즈메이니아, 빅토리아, 웨스턴오스트레일리아다.

하버 브리지와
오페라 하우스

어 있다. 오스트레일리아 국기는 뉴질랜드 국기와 색깔이나 유니언잭의 위치가 같지만, 별들의 숫자와 모양이 다르다. 뉴질랜드는 오각별이 네 개, 오스트레일리아는 칠각별 다섯 개와 오각별 한 개가 있다. 특히 국기의 오른쪽에 있는 네 개의 칠각별과 한 개의 오각별은 남반구에서만 볼 수 있는 남십자성•• 인데, 이는 오스트레일리아의 지리적 위치를 알려 준다.

•• 남십자성은 북반구의 북두칠성과 같이 남반구에서 남극 방향을 알려 주는 별자리다. 네 개의 별들이 십자가의 모양을 이루고 있다.

영국 연방은 영국 식민지였던 나라들이 주축이 되어 구성된 국제기구다. 오스트레일리아 국기에 영국 국기가 들어간 것은 식민지배의 영향 때문이다.

기사회생하여 탄생한 오페라 하우스

오페라 하우스는 시드니의 대표적인 랜드마크••• 이자, 전 세계인들이 오스트레일리아 하면 떠올리는 가장 대표적인 건축물이다.

••• 지역의 대표 이미지가 된 건축물 등을 의미한다. 이집트의 피라미드, 프랑스의 에펠탑, 미국의 자유 여신상 등이 대표적이다.

위에서 바라본
오페라 하우스

오페라 하우스 내부

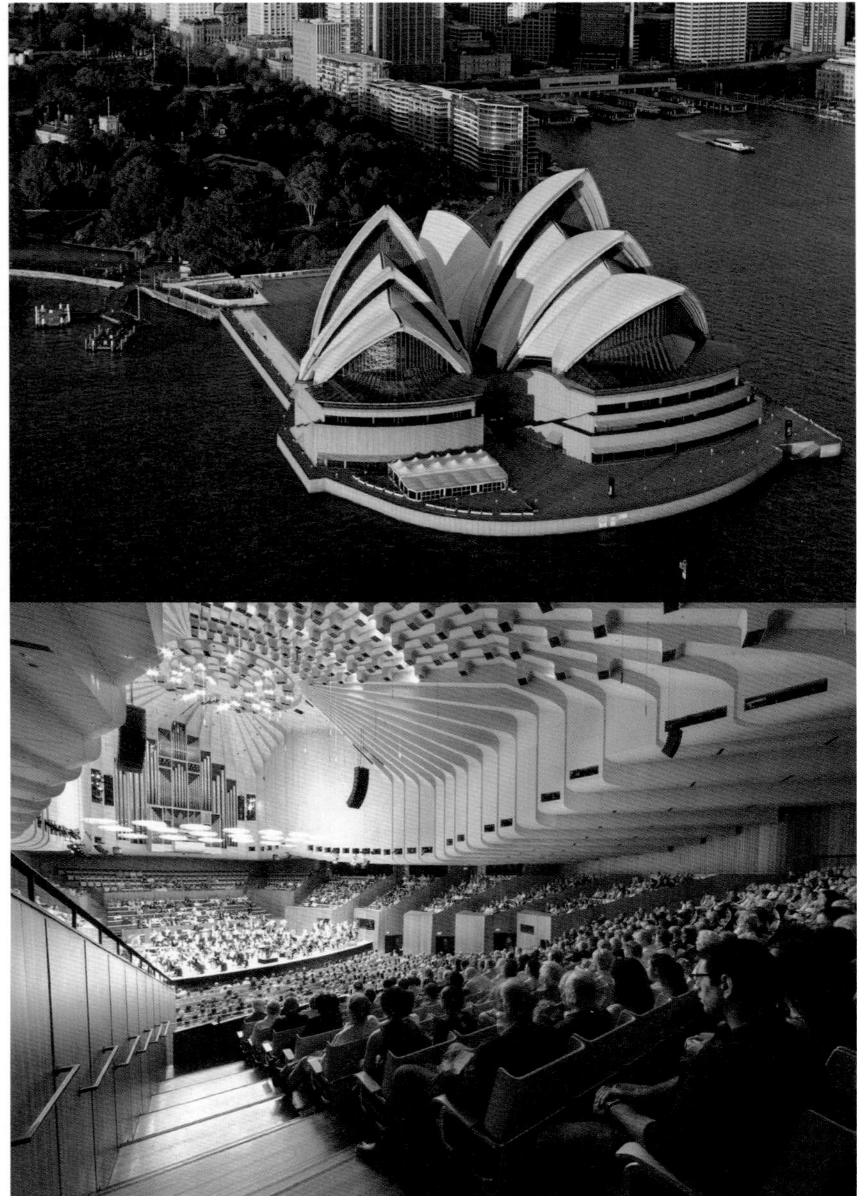

● 유네스코 세계문화유산은 유네스코에서 인류 전체를 위하여 보호해야 할 보편적 가치가 있다고 인정하는 문화유산이다.

시드니 오페라 하우스는 1973년에 문을 연 세계적으로 유명한 건축물이다. 1,547석의 오페라 극장과 2,679석의 극장, 도서관, 전시관, 음악당으로 구성되어 있으며, 2007년에 유네스코 세계문화유산●으로 등재되었다. 무용, 발레, 연

극, 음악, 희극, 오페라 등 매년 1,600회의 공연이 열리는 곳이다. 시드니의 또 다른 랜드마크인 하버 브리지와도 가까워 관광객들의 필수 코스다.

1955년 시드니를 상징할 건축물을 건설하겠다는 계획 아래 오페라 하우스 건축을 위한 세계 공모전이 발표됐다. 32개국에서 232점의 설계도가 도착했고, 그중에 덴마크 건축가인 예른 웃손••의 설계가 당선되었다. 이 설계는 처음에는 1차 심사에서 떨어졌다. 하지만 당시 심사위원이었던 세계적 건축가 핀란드의 에로 사리넨이 마음에 드는 작품이 없자 낙선된 작품들을 다시 검토했고, 결국 기사회생하여 현재의 오페라 하우스가 탄생했다. 오페라 하우스의 독특한 지붕은 오렌지 껍질을 벗기던 중에 착안한 것이라고 알려져 있는데, 언뜻보면 범선•••의 모양과도 비슷하다.

•• 2003년 시드니 대학교에서 명예박사 학위를 받았고, 같은 해 프리츠커 건축상(건축계의 노벨상)의 수상자가 되었다.

••• 범선(돛단배)은 주로 돛을 사용하여 운항하는 선박을 말한다.

오페라 하우스의 건축 기간과 건축비는 오랫동안 문제가 되었다. 2년으로 예정되었던 공사 기간은 16년으로 연장되었고, 건축비 역시 350만 달러에서 5,700만 달러로 인상되었다. 오페라 하우스 같은 독특한 모양의 지붕을 만들어 본 적이 없었기에 기간과 비용도 예측하기가 어려웠던 것이다.

이렇게 힘든 과정을 거쳐 준공된 오페라 하우스는 35년도 지나지 않아 세계문화유산으로 등재되는 등의 명예를 얻었다. 또한 시드니뿐만 아니라 오세아니아 대륙을 상징하는 건축물이 되었다.

철의 숨결, 낡은 옷걸이라 불리는 하버 브리지

하버 브리지는 오페라 하우스와 함께 오스트레일리아의 대표적인 랜드마크다. 다리의 전체 길이는 1,149미터이며, 8차선의 자동차 도로, 두 개의 철도, 한 개의 인도, 한 개의 자전거 전용 도로로 구성되어 있다. 또한 강철 아치 교량으로 수면에서 약 134미터 높이이며, 교각••••과 교각 사이가 세계에서 가장 길다고 한다.

한편 우리나라 서울의 한강에는 32개의 다리가 있는데, 하버 브리지와 비슷한 길이를 가진 다리는 천호대교로 1,150미터다. 참고로 가장 긴 다리는 방화대교

•••• 교각은 다리를 받치는 기둥으로 다리의 상부구조의 하중을 기초에 안전하게 전달하는 교량의 발이다.

옷걸이 모양의 하버 브리지

로 2,559미터고, 가장 짧은 다리는 잠수교로 795미터다.

아치 모양의 다리 모습이 옷걸이와 닮았다고 하여 '낡은 옷걸이'라고도 불리는 하버 브리지는 아치교● 형태의 대표적인 다리다. 경제 대공황 시대에 경기 부양 정책의 일환으로 건설되기 시작한 하버 브리지는 불황에서 살려 주었다는 의미로 '철의 숨결'이라고도 불린다.

● 아치교는 양쪽 끝은 처지고 가운데가 활처럼 휘어져 높이 솟게 만든 다리다.

1923년 착공하여 8년의 공사 기간을 통해 1930년에 아치 구조물이 완공되고 1932년 1월 19일에 최종 완공된 이후 같은 해 3월 19일에 개통했다. 하버 브리지는 사람이 다니는 인도와 자전거가 다니는 도로를 따로 건설하여 많은 사람들이 편하게 이용할 수 있도록 했는데, 중간에 설치된 전망대에서는 시드니의 야경과 어우러진 오페라 하우스도 구경할 수 있다. 사람들의 안전을 위해 다리 난간에는 철조망을 설치하였다. 하버 브리지는 다리가 단순한 교통 구조물이 아니라 예술 작품이자 사람들의 휴식 공간이 될 수 있다는 것을 보여 주고 있다.

오스트레일리아를 생각하면 가장 먼저 떠오르는 도시가 시드니지만 시드니는 수도가 아니다. 아마도 오스트레일리아에서 최초로 영국의 식민자가 된 곳이고 많은 랜드마크를 가지고 있어 여행객들이 가장 많이 찾는 도시일뿐더러 오스트레일리아에서 가장 많은 인구가 살고 있어서 그런 오해가 생긴 듯하다. 미국의 뉴욕과 캐나다의 토론토가 비슷한 예이다. 시드니는 지리적 위치로 인해 서구 문화와 아시아 문화가 융합된 도시이자 과거와 현대가 조화롭게 공존하고 있는 도시이기도 하다. 이러한 시드니를 대표하는 하버 브리지와 오페라 하우스 역시 단순한 건축물 그 이상의 의미를 가진다.

Travel 17

사람을 생각하는 고대 도시

-이탈리아 폼페이-

곧게 뻗어 있는 잘 정돈된 도로는 고대 로마의 흔적입니다. 도로와 인도를 구분하기 위해 턱을 높인 모습은 지금의 도로와도 일치합니다. 중간중간에 횡단보도 역할을 하는 디딤돌을 놓아 사람들의 편리와 안전을 도모한 것이 눈에 띕니다.

과거 로마 제국의 도시 폼페이입니다. 베수비오 화산 폭발로 순식간에 화산재에 덮이며 역사에서 사라졌던 도시가 18세기에 다시 등장하여 고대의 모습을 그대로 보여 줍니다. 이탈리아 남부 나폴리 인근의 폼페이는 공공 인프라를 중시한 시민들을 위한 도시였습니다. 지금과 비교해도 손색이 없을 정도의 공공수도 시설은 누구든지 사용할 수 있도록 개방한 것은 물론이고, 물이 부족할 경우 시민들이 식수로 사용하는 공공수도를 제일 마지막까지 공급했던 급수 정책 역시 놀라울 따름입니다.

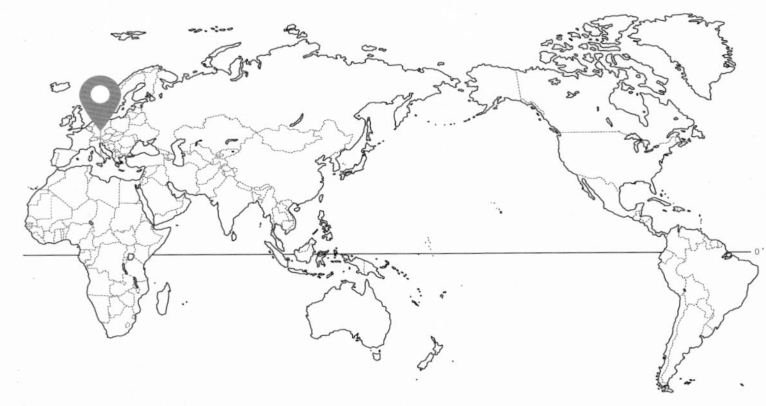

거대 타임캡슐 폼페이

폼페이(Pompeii)는 나폴리만에 위치한 로마의 지방 도시다. 로마의 상류계급이 별장을 건설했던 휴양지 폼페이는 기원후 79년 폼페이에서 북서쪽으로 10킬로미터 떨어진 베수비오 화산이 폭발하면서 엄청난 양의 화산재 아래로 순식간에 사라져 버렸다.

폼페이의 유물들

만약 화산재로 덮이지 않고 아무 일 없이 평범한 일상을 살아왔더라면 과연 폼페이의 모습이 지금처럼 온전하게 보전되었을까 하는 의문이 든다. 당시 화산 폭발로 도시 전체가 뒤덮였기 때문에 2000년이 지난 지금에도 도시의 모습이 잘 보존되어 후손들이 과거의 폼페이를 알 수 있게 된 것이다. 폼페이 사람들의 불행이 후손인 우리에게는 과거를 되새겨 보는 기회가 되었다. 괴테 역시 "폼페이의 비극은 후세에게 축복이다."라고 말한 바 있다. 폼페이 대부분의 건축물은 시멘트와 돌로 지어져 강력한 화산 폭발에도 온전한 모습을 유지하고 있다.

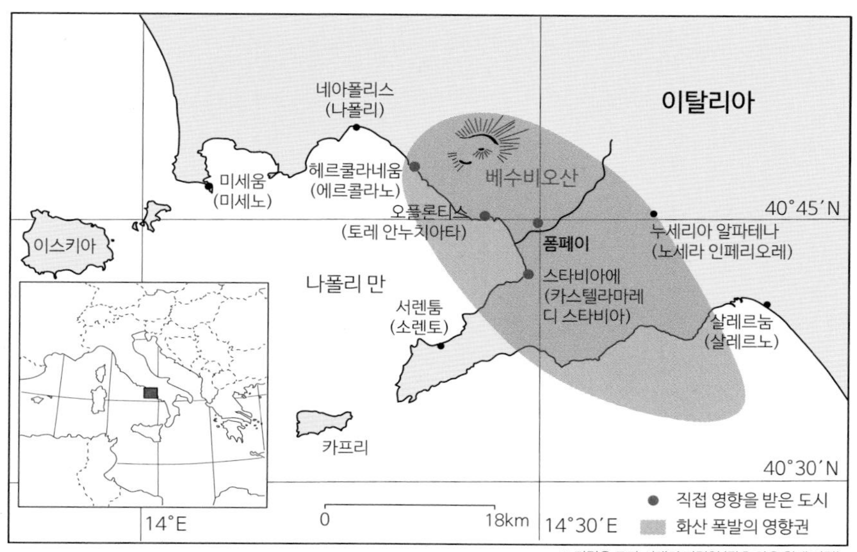

※ 지명은 로마 시대의 지명임(괄호 안은 현재 지명)

기원후 79년 베수비오 화산 폭발의 영향권

폼페이에는 급속한 화산 폭발로 미처 피하지 못한 사람들의 모습도 화석으로 남았다. 심지어 누워서 굳어 버린 모습까지 있는 것을 보면 화산 폭발이 빠른 속도로 진행되었음을 알 수 있다. 아마 폼페이의 살아 움직이는 것은 모두 화산재 등으로 덮여 그대로 굳어 버렸을 것이다.

역사에서 사라졌던 폼페이가 다시 등장하게 된 계기는 16세기 말 운하를 건설하는 도중에 건물과 회화 작품들이 발견되면서다. 폼페이의 존재가 세상에 드러난 것이다. 폼페이 발굴이 본격적으로 시작된 것은 1748년 당시 이탈리아를 지배하던 프랑스의 부르봉 왕조에 의해서다. 그러나 이들은 아름다운 출토품만 중요하게 여기는 식의 약탈과도 같은 발굴을 독점 사업으로 진행했다. 이후 1861년 이탈리아가 통일되면서 폼페이의 전체 모습이 본격적으로 드러나기 시작했다. 폼페이 발굴은 여전히 진행 중인데 현재는 5분의 4 정도가 발굴된 상태다. 이곳에서 나온 많은 출토품은 나폴리 미술관에 소장되어 있다.

모든 길은 로마로 통한다

로마 제국 전성기에는 동쪽으로는 카스피해까지, 서쪽으로는 에스파냐까지, 북쪽으로는 영국까지 남쪽으로는 아프리카 북부까지 세력이 미쳤다. 당시 로마가 세운 도시는 엄청나게 많았으므로 지금도 로마식의 지명이나 도시명이 다수

곧게 뻗은 폼페이의 도로

현재의 도로 못지않은 정교한 교차로

남아 있다. 특히 로마는 군사상 필요에 의해 식민지와 로마 본국을 연결하는 도로 건설에 심혈을 기울였다. 땅을 파내고 모래를 넣어 굳히고 그 위에 자갈을 깔고 석회 모르타르를 접합한 후에 다시 주먹만 한 돌로 한 층을 쌓았다. 그리고 맨 윗부분은 통행이 편리하도록 크고 편평한 돌로 포장했다. "모든 길은 로마로 통한다."라는 말은 이렇게 만든 수많은 도로로 인해 생겨난 말이다.

사람의 안전을 위한 인도와 횡단보도

유럽에는 석회석이 포함된 습지가 많기 때문에 돌을 도로 바닥에 깔아 마차의 통행을 용이하게 한 것이다. 또 도로 바닥에 깔린 돌 사이사이에 끼워 넣은 하얀색의 돌멩이는 야간에 이동하는 마차나 사람들을 위한 안전시설이었다. 즉 하얀 돌이 밤에 달빛이나 횃불의 빛을 반사해 마차가 어둠 속에서도 안전하게 도로를 이용하도록 배려한 것이다. 지금의 도로와 마찬가지로 사람을 위한 길은 턱을 높게 설계하여 마차를 위한 도로와 구분했다. 횡단보도 역할을 하는 돌은 보행자의 안전을 확보하기 위한 것으로 운행 중인 마차의 바퀴가 돌과 돌 사이로 통과하기 위해서는 서행할 수밖에 없었기 때문이다. 2000년 전에 반듯하게 건설된 도로는 지금 보아도 도시가 잘 정비되었다고 생각할 만한 모습이다.

폼페이의 도로는 현대의 도로와 비슷한 점이 많다. 야간 운전을 위하여 하인들을 사용한 모습, 도로 양옆으로 사람들의 안전을 위해 턱을 만든 모습, 특히 마차 도로 중간에 사람들이 건널 수 있도록 인도와 비슷한 높이의 돌로 횡단보도를 만든 모습에서는 시민들의 안전까지 생각한 발전된 문화를 읽을 수 있다. 2000년 전에 도로와 인도를 구분하고, 심지어 사람들이 건너다닐 수 있도록 횡단보도를 만들었다는 사실 자체에 놀랄 뿐이다.

폼페이의 도로는 비가 올 때 빗물이 흐르는 하수관을 따로 만들지 않아 도로를 따라 물이 흐르게 설계되었는데, 어쩌면 이를 통해 깨끗하게 도로와 인도를 청소하려는 의도였는지 모른다. 또한 큰 돌 징검다리는 보행자가 빗물에 발이 빠지지 않고 건널 수 있게 해 주었고, 달리는 마차가 속도를 늦추어 천천히 가게 하여 보행자를 보호해 주었다. 이처럼 폼페이의 도로는 이용자를 배려한 과학적 설계에 따른 산물이었다.

공공 인프라를 중시한 시민들을 위한 도시

원형극장의 공간 구분

옛날 우리나라 도시에서도 계급에 따른 공간 구성이 이루어졌듯이 폼페이도 언덕 위에는 대부분 부유한 집들의 흔적을 볼 수 있다. 나폴리 남동부에 위치한 폼페이는 로마의 상류계급이 별장을 건설했던 휴양지로, 이곳은 신전과 광장처럼 신성시하는 지역들이 구분되어 있다.

한쪽에 남아 있는 원형극장을 보고 있으면 로마인들의 위대한 건축 능력과 예술에 대한 사랑을 엿볼 수 있다. 이 극장의 수용인원이 5,000명이 넘는다고 하니 놀라울 뿐이다. 지금의 대학이나 대도시에서 예술 공연 공간으로 활용되는 노천극장과 비교해도 손색이 없을 정도로 웅장하고 견고한 건축물이다. 원형극장의 내부에는 계급에 따른 공간 구분이 명확했다. 무대 가까이 제일 아래에 위치한 최상류층을 위한 자리는 대리석으로 만들어진 데다 좀 더 편하게 앉을 수 있도록 넓게 설계되었다. 로마 시대에도 신분제도가 존재했고 그에 따른 특권과 혜택이 있었음을 이로써 알 수 있다.

폼페이 길가의 공공수도 역시 로마의 뛰어난 기술과 도시 문명을 보여 준다. 2000년 전 폼페이 사람들이 식수로 사용하던 공공수도를 지금도 사용한다는

사실을 알고 있는가? 당시 고원 지대에서 물을 끌어오기 위해서는 일정한 경사를 가진 수로가 필요했다. 다양한 지형 때문에 지하수로를 설치하거나 다리를 놓는 등의 방법이 필요했는데 그것을 해결한 것이 중력을 이용한 수도교를 건설하는 것이었다. 계곡이나 강처럼 지대가 낮은 곳에는 아치 모양의 웅장한 다리를 건설하고 그 위에 수로를 놓았는데, 이물질이 들어가는 것을 막기 위해 수로에 지붕을 덮기도 했다. 2000년 전의 사람들이 사회기반시설을 이처럼 과학적으로 건설했다는 자체에 놀라움을 금할 수 없다.

로마식 공공수도는 신분의 차별 없이 누구든지 사용할 수 있도록 거리 곳곳에 분수형으로 설치했는데 하루 종일 깨끗한 물이 흘렀다. 시민을 위한 공공 인프라(Social Overhead Capital)[•]를 중시한 로마의 도시 정책은 지금도 참고할 만할 정도로 훌륭하다.

• 인프라는 생산 활동에 꼭 필요한 사회기반시설, 즉 사회간접자본이다.

아치 모양의 수도교

수도교의 기본 원리는 높은 고산지대에서 도시로 일정 경사를 유지하는 시설을 만들어 물을 운반했는데 폼페이의 가장 높은 지대에는 수도교를 거쳐 온 물을 저장하고 통제하던 급수탱크 시설이 있어서 이를 통해 물을 공급했다. 물은 크게 세 가지로 활용했는데, 시민들을 위한 공공수도용, 공중목욕탕용, 부유층이 돈을 내고 설치한 개인용이다. 중요한 사실은 가뭄이 들어 물이 부족하면 가장 먼저 부자들의 개인용 수로를 차단하고 다음으로 공중목욕탕을 차단하고 시민들이 식수로 사용하는 공공수도를 제일 마지막까지 공급하는 게 원칙이었다는 점이다. 폼페이의 급수 정책을 통해 시민을 위한 정책, 시민을 위하는 마음이 얼마나 강했는지를 느낄 수 있다.

폼페이의 대표적인 시민 공간으로는 공중목욕탕이 있다. 여기에 활용한 과학적 기술 역시 지금의 우리에게도 충분히 가치 있는 것들이다. 둥근 돔식 천장엔 유리창을 달아 햇빛으로 자연채광을 했다. 천장과 벽면에 있는 겹겹의 결은 수증기 방울이 사람들에게 떨어지지 않도록 해 주었다. 물방울이 맺히면 이 결을 따라 벽면으로 흘러내리게 한 기술은 정말 감탄스럽다. 폼페이의 공중목욕탕은 단순히 몸만 씻는 장소가 아니었다. 그곳은 폼페이 시민 모두가 계급 차별 없이 일과 후에 피로를 풀고 문화생활을 하던 장소이자 로마 시민으로서의 자부심을 느낄 수 있는 정체성 형성 공간이었다. 로마는 전쟁을 통해 정복한 도시들에 공중목욕탕을 건설하였고 모든 시민들에게 개방하여 사용하도록 하였다. 이를 통해 유럽 전역에 공중목욕탕의 문화가 전파되었다.

● 바스는 런던에서 173킬로미터 떨어진 에이번강 유역에 자리 잡고 있는 영국에서 유일하게 천연 온천수가 솟아오르는 곳으로, 가장 오래된 역사를 지닌 도시다.

마을 전체가 유네스코에 등재된 세계문화유산인 바스● 의 대표적 관광지인 '로만 바스'는 2000년 전 로마인에 의해 건설된 세계에서 가장 잘 보존된 로마 공중목욕탕이다. 로마인들은 1세기 초 브리튼섬을 점령한 후 이곳의 온천수를 알아보고 공중목욕탕과 신전을 지었다. 이 도시의 이름이 목욕이란 뜻의 단어인 'bath'의 유래다.

2000년 전 화산 폭발로 사라진 로마의 대표 도시인 폼페이는 예전 모습을 그대로 보존하고 있다. 당시의 재앙이었던 화산 폭발이 후손들에게는 로마의 숨결

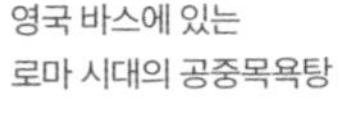

영국 바스에 있는
로마 시대의 공중목욕탕

을 느끼며 여행할 수 있도록 해 준 셈이다. 고대 도시에서 확인할 수 있는 시민들을 위한 안전시설, 도시 정책, 다양한 공공 인프라 등은 오늘날에도 본받을 점이다. 특히 사람의 안전을 가장 중요하게 여겨 만들었던 지금의 횡단보도와 같은 시설은 여행을 통해 과거를 배우게 해 주는 대표적인 유적이다.

Travel 18

하늘과 맞닿은 공중 도시

-페루 마추픽추-

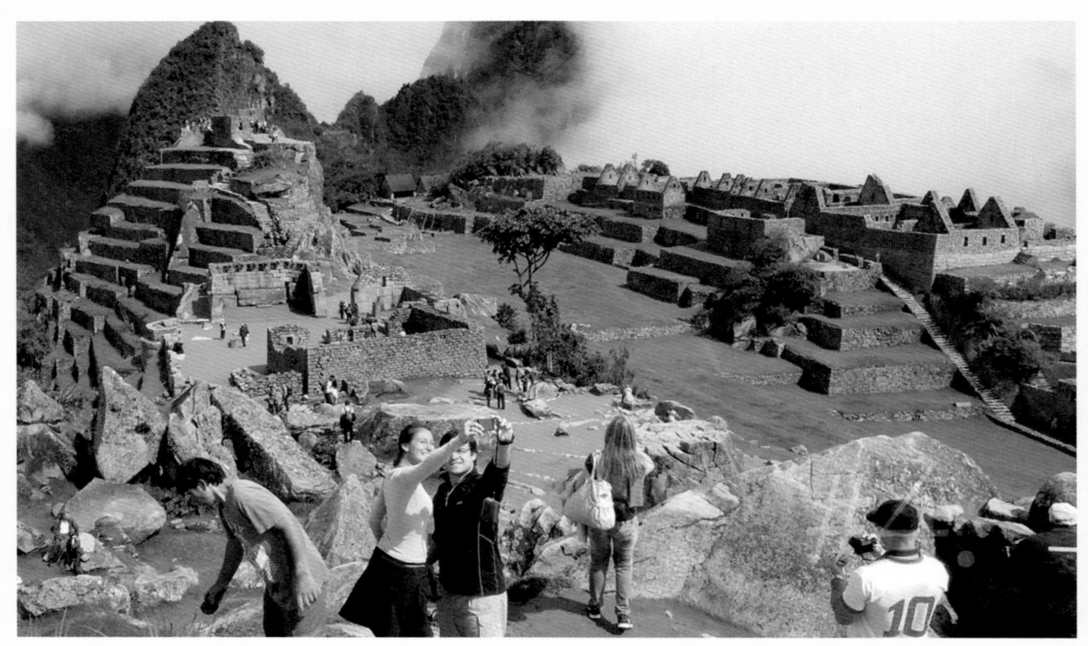

높은 곳에 계단식 경작지를 만들어 환경에 적응한 모습은 지금과 크게 다르지 않습니다. 우뚝 솟은 봉우리 오른쪽을 감싸고 있는 구름 뒤에는 무엇이 있을까 궁금증이 생깁니다.

에스파냐 군사들에 의해 사라져 버린 잉카 문명의 흔적을 엿볼 수 있는 고산 도시 마추픽추입니다. 잉카 제국의 수도였던 쿠스코와 가까웠지만 다행히도 에스파냐 원정대에 의해 발견되지 않은 덕분에 현재까지 도시의 모습을 그대로 간직하고 있습니다. 왼쪽의 높은 봉우리는 마추픽추로 해발고도 2,000미터가 넘는 높은 곳에 위치하고 있습니다. 마추픽추 오른쪽 구름에 가려진 봉우리는 마추픽추보다 훨씬 크고 웅장한 와이나픽추입니다.

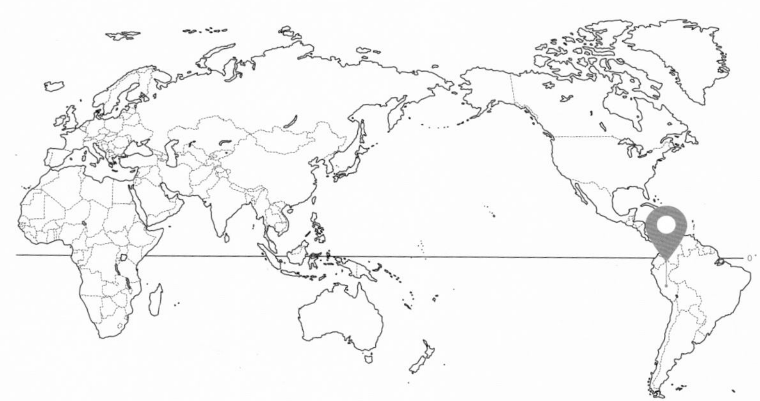

뛰어난 기술력을 보여 주는 공중 도시 마추픽추

페루 잉카 문명의 고대 도시인 마추픽추(Machu Picchu)는 해발고도 2,000미터가 넘는 고지대에 위치하고 있다. 우리나라의 대표적인 산인 1,950미터의 한라산, 1,915미터의 지리산, 1,708미터의 설악산 등과 비교해 보면 상당한 해발고도에 도시가 있다는 사실을 알 수 있다.

잉카 문명의 숨겨진 도시는 에스파냐에 의해 발견된다. 정복자 프란시스코 피사로의 군대가 아타우알파 황제를 죽인 후 잉카 문명은 멸망의 길로 접어들었다. 한편 마지막 황제 투팍 아마루가 잉카의 보물을 마지막 수도 빌카밤바 어딘가에 숨겨 놓았다는 이야기가 퍼지자 에스파냐 군사들은 그 보물을 찾기 위해 혈안이 되었다. 하지만 결국 찾지 못했다.

이후에도 많은 사람들이 소문에 혹해 빌카밤바의 보물을 찾으러 아마존 밀림으로 들어갔지만 살아오지 못했다. 그러다 1768년 초케키라오•가 빌카밤바라는 소문이 퍼졌고 1909년 미국 예일대학교 하이럼 빙엄은 빌카밤바를 찾기 위해 탐험하던 중 초케키라오 유적을 발견했다. 그러나 그곳은 빌카밤바가 아니

• 초케키라오는 푸리마 항구에서 가까운 험준한 산속에 있는 유적이다.

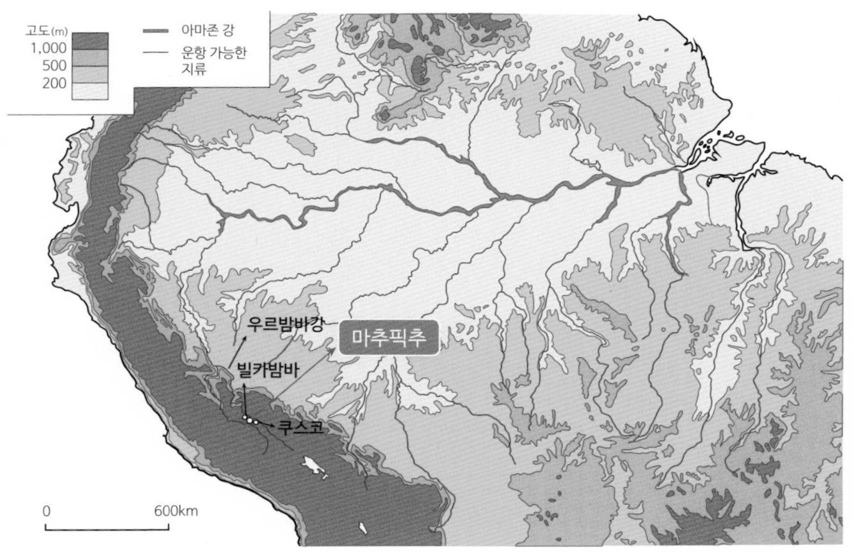

마추픽추 위치

었다. 그는 1911년 다시 페루를 찾아 잉카제국의 황제였던 만코 2세가 피사로를 피해 탈출한 길을 더듬으며 가다가 산봉우리에 있는 폐허의 도시를 발견했다. 그곳이 바로 마추픽추였다. 발견된 지 100년 정도밖에 되지 않은 마추픽추는 잉카의 수도 쿠스코• 에서 우루밤바강(아마존강의 원류)을 따라 북서쪽으로 약 80킬로미터 떨어진 곳에 위치하고 해발고도는 2,453미터에 달한다. 마추픽추는 우루밤바 계곡보다 훨씬 높은 곳에 있어 계곡 아래에서는 도시를 볼 수 없고 오직 공중에서만 볼 수 있기 때문에 '공중 도시'로 불린다.

• 쿠스코는 해발고도 3,400미터의 안데스산맥에 위치하고 있다. 13세기 초 건설되어 16세기 중반까지 중앙 안데스 일대를 지배했던 잉카 제국의 수도다.

마추픽추가 쿠스코에서 가까운 거리에 있음에도 불구하고, 에스파냐 원정대가 끝까지 발견하지 못한 것은 우리에게 행운이다. 덕분에 마추픽추가 현재까지 그 모습 그대로 보존될 수 있었다. 오늘날 마추픽추는 전 세계인들의 관심을 받는 페루 최고의 여행지다.

수백 명의 사람이 살았을 것으로 추정되는 마추픽추는 80여 년 정도 사용된 이후 버려진 것으로 보인다. 출토된 유물들을 통해 짐작할 수 있는 것은 다양한 지역에서 온 사람들이 모여 살았다는 점과 이곳 사람들은 생애 초기에는 감자,

하늘과 맞닿은 공중 도시 마추픽추

생선과 같은 음식을 먹었고 후반으로 갈수록 옥수수를 많이 먹었다는 것이다. 이는 해안 지방에 살던 사람들이 나중에 이곳으로 이주했다는 증거다.

마추픽추의 돌담

페루 잉카 문명의 고대 도시 마추픽추는 '나이 든 봉우리'를 뜻하는 원주민의 말이다. 1983년에는 유네스코 세계문화유산에 등재되었고, 2007년에는 새로운 세계 7대 불가사의로 선정되었다. 마추픽추는 정교한 수로, 석조건물과 조각, 산바람을 이용한 자연 냉장고, 자연석으로 만든 나침반과 해시계 등 뛰어난 기술을 보여준다.

마추픽추는 잉카의 고전 양식으로 건설되었는데 접착제나 모르타르 등을 전혀 사용하지 않고 돌과 석재들을 쌓아 만든 것이다. 현재 우리가 볼 수 있는 대부분의 건물은 페루 정부에서 여행객을 위해 복원한 것으로 1976년에 전체 유적지의 약 30퍼센트가 복원되었고 지금도 진행 중이다.

마추픽추는 도시 구역과 농경 구역으로 구분되어 있는데 도시 구역은 다시 신들을 모시는 신전과 사원이 위치한 위쪽 구역과 주민들이 거주하던 아래쪽 구역으로 나뉜다. 잉카 신앙의 가장 위대한 태양신 인티를 위한 해시계, 태양의 신전, 세 창문의 방 등 주요 관광 명소들은 동쪽 구역에 있다.

환경을 극복한 계단식 경작지

마추픽추의 또 다른 볼거리는 계단식 경작지다. 각각 3미터의 높이를 가진 단들이 모두 40개 정도인데, 단과 단을 오르내리기 위해 벽돌을 돌출시켜 만든 계단 약 3,000여 개가 이어져 있다. 계단식 경작지는 산사태나 토양 유실의 위험이 적게 농사를 지을 수 있는 효과적인 방법으로 우리나라는 물론이고 세계 여러 나라에서 환경의 한계를 극복하고 농사를 짓는 방식이다. 마추픽추는 기술적 한계로 가끔 경작지가 무너져 내리거나 산사태로 쓸려 나가는 경우가 있었는지 이를 보수한 흔적을 찾아볼 수 있다.

마추픽추는 연 강수량이 1,800밀리미터로 풍부하여 주로 감자와 옥수수 농사를 짓거나 '안데스의 초록빛 황금'으로 불렸던 코카 잎을 재배했다. 그래서인지 특별한 수로 시설은 보이지 않고, 많은 강수로 인해 물이 넘칠 경우를 대비한 시설만 설치되어 있다.

계단식 경작지들은 여러 층으로 구성되어 있다. 맨 아래는 기반암, 중간은 모래와 자갈의 혼합, 가장 위는 흙이다. 주목할 것은 가장 위에 쌓인 흙으로, 이것은 잉카인들이 모두 계곡에서 퍼 올린 퇴적물이다. 당시 그들이 환경에 적응하기 위해 얼마나 노력했는지를 엿볼 수 있다.

한편 계단식 경작지의 총면적은 4만 9,000제곱미터•로 매우 작아서 수백 명의 사람들에게 충분한 식량을 공급하기에는 부족해 보인다. 계곡 아래로 내려가 식량을 가져오지 않았을까 짐작하게 되는 대목이다. 그래도 고산 도시에 당시로선 많은 사람이 살 수 있었던 이유는 계단식 경작지를 통해 최소한의 식량이

• 일반적인 크기의 축구장 7개 정도의 면적

마추픽추의 계단식 경작지

공급되었기 때문이다. 만약 계단식 경작이 이루어지지 않았다면 마추픽추와 같은 잉카의 흔적들은 볼 수 없지 않았을까? 불리한 환경을 극복하고 인간이 정착해 나가는 모습은 과거나 현재나 동일하다.

구름과 안개에 가려진 젊은 봉우리 와이나픽추

마추픽추 옆에는 그보다 훨씬 웅장하고 큰 와이나픽추가 있다. 원뿔 모양의 와이나픽추는 마추픽추보다 다소 생소한 느낌이나, 공중 도시의 모습을 보다 명확히 보여 주는 잉카 문명의 흔적이다. 사실 와이나픽추는 마추픽추보다 수십 배 더 큰 봉우리로 바라보는 순간 자연의 위대함은 물론 잉카인들이 마추픽추에 도시를 건설하면서 들였을 엄청난 노력과 열정이 절로 느껴진다.

토템의 모습을 한 와이나픽추

와이나픽추는 '젊은 봉우리'라는 뜻이며 해발고도가 2,700미터에 이른다. 마추픽추와 마주 보고 있는 와이나픽추는 잉카인들이 토템* 으로 신봉하는 두 동물의 형태를 가지고 있다. 앞에서 보면 퓨마의 형상으로 보이며 좌측에 있는 세 개의 봉우리는 콘도르** 가 날개를 펼친 모습이다.

2,000미터 높이에 위치한 고산 도시 마추픽추는 에스파냐인의 침략을 피해 마지막까지 살아남은 잉카 문명의 도시다. 이곳에 서면 2000년 전에 어떠한 기술로 이렇게 정교한 도시를 만들었는지 감탄하게 된다. 환경에 적응하기 위해 만든 계단식 경작지는 하늘과 맞닿은 공중 도시에 지금도 존재한다. 마추픽추와 더불어 그 옆에 있는 훨씬 웅장하고 큰 와이나픽추는 잉카 문명의 발달된 건축 기술과 당시의 잉카인들의 열정과 노력에 깜짝 놀라게 되는 곳이다.

● 토템은 원시 사회에서 부족과 특별한 관계가 있다고 믿어 신성시하는 동식물이나 자연물이다.

●● 주로 중남미에 서식하는 맹금류다. 길이 약 130센티미터, 무게 10킬로그램 정도로 남미 안데스 지역의 전설과 신화에 자주 등장한다. 또한 페루, 칠레, 볼리비아, 에콰도르, 콜롬비아의 상징새이다. 페루를 제외한 나머지 국가는 국조이다.

Travel 19

늘 순례자로 붐비는 카바

-사우디아라비아 메카-

금색 휘장으로 장식된 압도적 크기의 검은색 육면체가 보입니다. 그 주변을 수많은 사람들이 원을 그리며 돌고 있습니다. 뒤쪽으로는 아치형의 벽 구조물이 육면체와 사람들을 둘러싸고 있습니다.

『쿠란』, 알라, 무함마드라는 단어를 보면 세계 3대 종교 중 하나인 이슬람교가 떠오릅니다. 이슬람교 최고의 성지라 불리는 사우디아라비아 메카에는 그랜드 모스크가 있는데, 그 중앙에 있는 것이 사진 속 카바 신전입니다. 검은색 건축물의 외벽은 화강암이고, 대리석으로 이루어져 있는 내부는 세 개의 기둥이 천장을 받치고 있습니다. 건물 외벽의 검은색은 키스와라 불리는 비단으로, 여기에 금실로 『쿠란』의 구절을 새긴 장식이 화려합니다. 신전을 중심으로 수많은 사람들이 원형의 행렬을 이룹니다. 카바 신전은 이슬람교 최대 성지순례 장소인데, 순례자들은 '이슬람 공동체가 하나가 되어 신을 예배한다'는 의미로 카바 신전을 7바퀴 돌며 기도를 올립니다.

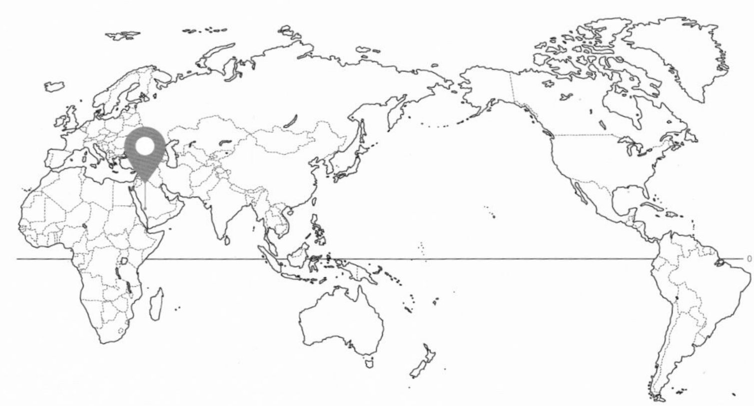

무슬림의 정신적 고향, 메카

『쿠란』의 일부

메카(Mecca)는 사우디아라비아의 도시로 메카주(州)의 중심 도시이자 이슬람 세계에서 가장 중요하고 성스러운 도시다. 홍해 연안에서 내륙으로 약 70킬로미터 떨어져 있는 이 도시의 인구는 약 200만 명이다.

메카는 아라비아반도 중부에 위치하며 주변이 산으로 둘러싸인 분지의 형태다. 사막 기후에 속하여 강수량이 매우 적으며 사우디아라비아의 다른 도시들과 다르게 겨울 기온이 높은 편이다. 메카는 인도양과 지중해를 연결하는 중간 지점이어서 상업의 중심지였을 뿐만 아니라 종교적으로도 매우 중요한 지역이었다. 본래 메카는 수많은 신들을 믿는 다신교가 널리 퍼진 지역이었다.

메카는 이슬람교의 창시자이자 예언자인 무함마드가 태어난 곳이다. 무함마드는 610년 알라의 계시를 받아 이슬람교를 창시하였다. 이후 종교적 박해를 피해 메디나로 피신한 무함마드는 630년 군대를 이끌고 메카를 정복하였고, 메카는 이슬람교의 종교적 중심지로 거듭나게 되었다. 무함마드는 신의 계시를 받아 정리한 이슬람 경전 『쿠란』을 집대성한 후 전파했고, 메카를 이슬람교의 성지로 조성했다. 『쿠란』은 무함마드가 610년 이후 23년간 알라에게 받은 계시를

메카의 위치

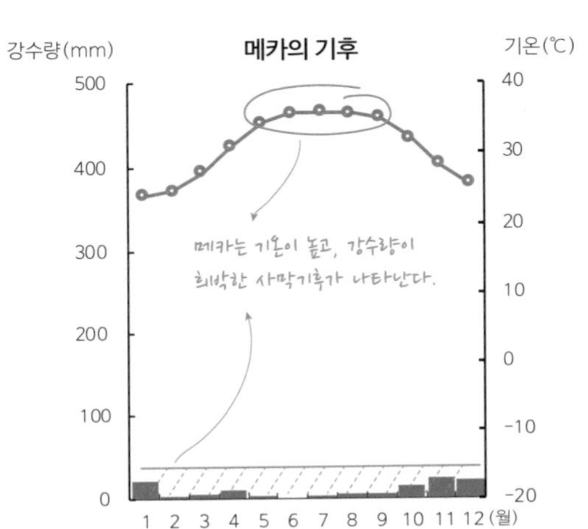

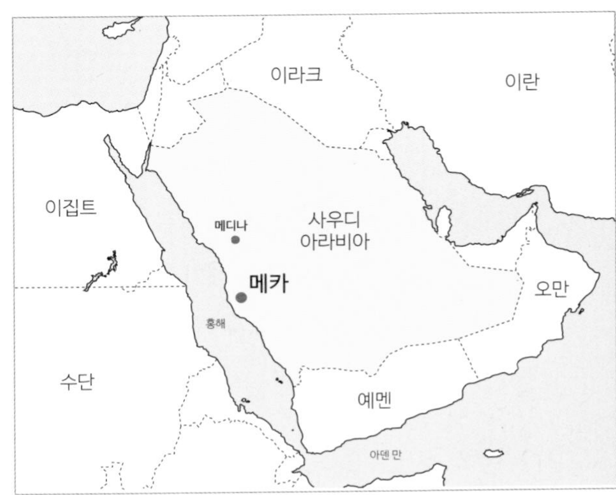

기록한 책이다. '이슬람'은 '알라에게 복종하다'라는 뜻으로, 이슬람교는 유일신인 알라에 대한 복종을 핵심교리로 하는 종교이고 무슬림은 알라에게 복종하는 신도들을 말한다.

한편 1980년대 사우디아라비아 정부는 '메카'의 공식 표기를 '마카(Makkah)'로 변경했다. 중요한 장소를 비유적으로 이르는 '메카'와 구분하여, 이슬람 성지 '마카'의 성스러움을 확보하고자 하는 의도로 해석된다.

무함마드와 해리포터 마법사의 돌?

〈해리포터와 마법사의 돌〉이란 영화를 보면, 해리포터는 자신이 엄청난 능력을 가진 마법사라는 사실을 뒤늦게 알고 마법사의 돌과 호그와트를 지키기 위해 필사의 노력을 다한다. 카바 신전 외벽 동쪽 모서리의 검은 돌과 호그와트 마법사의 돌은 외부의 위험으로부터 항상 지켜야 하는 성스러운 상징물이라는 점에서 비슷하다.

메카의 중심은 카바 신전이다. 카바 신전은 그랜드 모스크 내에 가로 10미터, 세로 15미터, 높이 15미터 규모로 이루어져 있으며, 신전의 네 모퉁이는 동서남북을 가리킨다. 건물 내부에는 숭배의 대상이 될 수 있는 그 무엇도 놓일 수 없다. 『쿠란』에 따르면 아브라함이 그의 아들 이스마엘과 카바 신전을 건축했다고 한다. 카바 신전은 예로부터 성역화된 장소여서 주변에서 전투나 동물 살해 등이 금지되었다. 또한 죄인의 피신처가 되기도 했다. 원래 이곳에는 많은 신상이 있었는데 무함마드는 메카를 '키브라(예배 및 기도의 방향)'로 정한 후 630년 1월 스스로 메카에 들어가 우상을 파괴한다. 무함마드는 메카에서도 특히 카바 신전을 종교적인 중심으로 생각하여 이슬람 최고의 성지로 발전시켰다. 전 세계 무슬림은 메카를 향해 매일 예배하며, '핫즈(이슬람력 12월에 행하는 메카 순례)'도 카바 신전에서 시작되고 끝난다.

무슬림은 일생에 최소 한 번은 메카로 순례를 떠나는데, 이를 마친 사람을 '핫

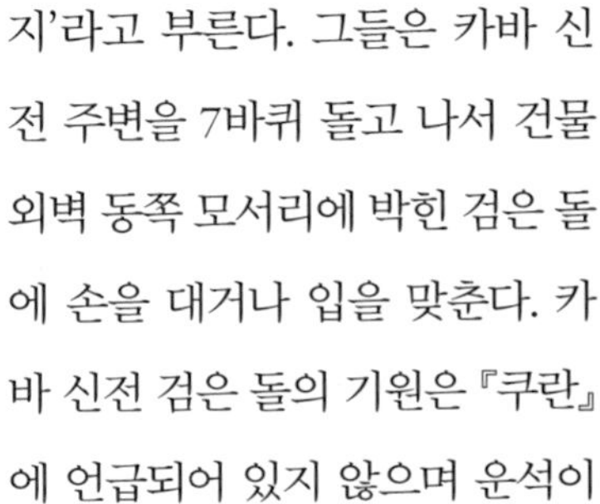

카바 신전의 정면

지'라고 부른다. 그들은 카바 신전 주변을 7바퀴 돌고 나서 건물 외벽 동쪽 모서리에 박힌 검은 돌에 손을 대거나 입을 맞춘다. 카바 신전 검은 돌의 기원은 『쿠란』에 언급되어 있지 않으며 운석이라는 설, 대천사 가브리엘이 아브라함에게 주었다는 설이 있으나 명확하지는 않다. 다만 무슬림들은 무함마드가 카바 신전의 검은 돌이 신도들을 성스럽게 하는 이슬람의 정신이라 여겨서, 이를 지키기 위해 필사의 노력과 헌신을 다했다고 믿는다. 검은 돌이 가지는 강력한 상징성으로 인해 카바 신전을 찾는 순례자들은 카바를 돌면서 모퉁이에 위치한 '검은 돌'에 입을 맞춰야만 순례를 성스럽게 마친 것으로 생각한다. 이 때문에 카바 신전에는 종종 혼잡한 상황이 연출되기도 한다.

메카의 그랜드 모스크

'다섯 기둥'으로 이슬람교를 떠받치다

이슬람교의 다섯 기둥은 무슬림의 삶의 근본이자 기본적인 다섯 의례를 의미한다. 믿음을 건물로 친다면 이 규칙들은 건물을 떠받치고 있는 기둥인 셈이다. 무슬림은 이 규칙을 잘 지킴으로써 알라에게 복종한다는 것을 드러낸다.

첫 번째는 '샤하다'로 신앙 고백이다. 이는 이슬람교의 가장 중요한 기둥이며, 알라 이외에 다른 신은 없고 무함마드는 알라의 예언자라는 선언이다. 『쿠란』에서는 알라 이외에는 신의 존재를 인정하지 않기에 무슬림들은 매일 다섯 번 기도의 맨 처음과 끝, 그리고 명상 때 샤하다를 한다.

두 번째는 '살라트'로 다섯 번의 기도다. 무슬림에게 기도하는 시간은 신앙을 생각하는 자기 성찰의 시간이다. 그들에게 하루 다섯 번의 정기적인 기도는 매우 중요하다. 해가 뜰 때, 정오, 늦은 오후, 저녁, 밤이 되면 어느 장소에 있든지 메카의 카바 신전을 향해 엎드려 절하고 기도한다.

세 번째 '자카트'는 자선의 의무다. 이슬람교가 법적으로 규정하는 인도주의적인 세금에 해당된다. 무슬림은 자선이 공동체 구성원들 간의 단결과 우애를 더욱 단단히 하고 이기심을 정화하며 자신의 죄를 속죄한다고 생각한다. 보통 소득의 2.5퍼센트 정도를 가난한 사람들에게 기부하게 되어 있다.

네 번째는 '사움'으로 엄격한 금식이다. 금식은 아랍어로는 '더운 달'을 의미하고 이슬람력으로 9월에 해당되는 '라마단' 기간에 행해진다. 『쿠란』에서는 9월을 신성한 달이라 명령하는데, 성인이 된 무슬림은 라마단을 반드시 지켜야 한다. 해가 떠서 질 때까지의 시간 동안 금식, 금연, 금주 등 철저한 금욕과 절제를 실천해야 한다.

메카를 향해 기도하는 무슬림

다섯 번째 '핫즈'는 메카 순례다. 무슬림은 일생에 한 번은 메카로 순례를 떠나야 하는데, 핫즈는 숭배의 장소를 방문

한다는 의미다. 순례는 이슬람력의 마지막 달인 12월에 진행되고 이슬람의 최고 성지인 카바 신전에서 시작된다. 순례자들은 메카 밖 9킬로미터 안에 들어선 후에는, 모든 의식이 끝나 돌아갈 때까지 머리를 깎거나 심지어 손톱을 잘라서도 안 된다. 전 세계 국가에서 모여든 수많은 순례자들은 핫즈를 통해 한 가족이 된다고 믿는다.

메카는 늘 순례자로 붐빈다

우리는 어떤 장소에 모여 같은 행위를 함으로써 같은 정신을 공유하기도 하며 서로 달랐던 모습을 이해하기도 한다. 집회를 통해 결속력을 강화하고 유대감을 표현하는 것이다. 무슬림에게 메카는 종교적 공동체 의식을 강화하는 핵심 장소다.

핫즈는 무함마드가 메카를 순례하였을 때 카바 신전을 7바퀴 돌고 검은 돌에 입을 맞춘 것을 기원으로 한다. 무슬림은 카바 주변을 반시계방향으로 순회하는 것이 우주 안 모든 것들의 움직임과 비슷하다고 생각한다. 그래서 원자에서부터 은하까지 우주 전체가 이 방향으로 회전한다고 믿는다. 그들은 이것을 우주의 본질이라 믿는다.

핫즈는 무슬림이 알라의 부름에 응답하기 위하여 행하는 일련의 상징적인 종교의식이다. 이 성지순례 기간은 지구 각지의 모든 무슬림들이 메카로 모이는 기간이다. 수백만의 언어들이 하나의 메시지로 표현된다. "알라훔마!(오 하나님이시여!)" 이는 알라의 부름에 대한 응답이다.

무슬림은 몸을 가리기 위한 순백의 천 이외에 아무것도 걸치지 않는다. 이것은 기본 원칙으로 겸허함을 유지하려는 자세를 보여 준다. 핫즈의 종교 의식은 카바 신전을 반시계 방향으로 7번 도는 것으로 시작된다. 그 후 카바 신전의 성스러운 검은 돌을 만지고 바로 옆 잠잠 우물의 성수를 마신다. 핫즈가 진행되는 동안 순례자는 무함마드가 최후의 연설을 한 자비의 산이라고 일컬어지는 아

상) 핫즈 기간의 카바 신전
하) 자비의 산으로 모여드는
무슬림

라파트 위에 올라 해가 질 때까지 예배를 드린 후, 다음 날 미나라는 작은 마을로 향해 돌기둥으로 상징화된 악마(사탄)를 돌로 쫓는 의식을 행한다.

핫즈의 모든 과정은 이슬람에 대한 무슬림의 믿음과 영적인 의식을 상징한다. 이 순례는 이슬람력 12월에 이루어지며 매년 200만 명 이상이 참가한다. 비무슬림은 원칙적으로 메카와 메디나에 들어가는 것이 금지되어 있기 때문에 비무슬림의 자격으로 메카 내의 의식을 본 사람은 매우 드물다.

핫즈는 무슬림에게 신 앞에서 누구나 평등한 신자로 순례하도록 하며 그 과정에서 세계적이고 종교적인 형제애를 느끼게 함으로써 이슬람 공동체를 결속시킨다. 결속력은 메카라는 장소를 통해 집적되어 전 세계로 펼쳐지는데 이는 장소를 통해 종교적인 메시지를 집중시켜 무슬림의 네트워크를 강화하고 유지하는 것이다. 핫즈를 행한 무슬림은 스스로를 자랑스럽게 여기고 또 주위의 존경을 받기 때문에 집에 '핫즈'를 행했음을 나타내는 문자나 그림을 붙인다. 또 순례자의 이름 앞에 '핫지' 칭호를 사용하여 메카의 순례 정신을 전 세계의 다양한 장소에서 일상적으로 공유함으로써 공동체 의식과 결속력을 유지한다.

향기로 메카를 성스럽게 채우다

우리는 드넓은 향기의 바다에서 살고 있을지 모른다. 시각이 장소를 느낄 수 있는 오감의 선두주자라면 후각은 장소를 완성한다. 향기는 우리가 살아온 장소를 기억할 수 있게 돕는다. 실제로 전 세계 여러 도시에서는 공공시설에 향기를 덧입혀 공간의 매력을 높이기도 한다. 공간 센팅(space scenting)* 은 장소의 정체성을 형성하는 데 도움을 주고 그곳에 머무는 사람들의 심리적 만족감을 높여 장소와 사람이 안정적으로 결합할 수 있도록 돕는다.

* 공간에 향기를 입히는 작업

향기로 장소를 빛나게 한 대표적인 사례가 바로 사우디아라비아 메카의 그랜드 모스크 향기 마케팅이다. 그랜드 모스크는 사우디아라비아에서 두 번째로 규모가 큰 이슬람 예배당으로 향기의 테마를 디자인하고 향기의 밸런스를 조

그랜드 모스크의 예배당

절하는 등 향기 유지가 필수인 대형 공간이다.

모스크 측은 예배당을 중심으로 기도실, 위생 공간 등에 청결하고 쾌적한 환경을 조성한 뒤 이슬람 예배당 특유의 향기(목재, 카펫, 향)를 향수로 일정하게 유지시킴으로써 예배당에 모이는 순례자들에게 친근한 장소로 만족감을 주고 있다. 이로써 서로 다른 국가 및 도시에서 모인 무슬림들이 하나의 향기를 공유하면서 공간적 집중뿐만 아니라 정신적 집중에도 도움을 받는다. 더불어 많은 순례자들의 다양한 냄새가 뒤섞여 자칫 비위생적이라고 인식될 수 있는 메카의 예배당을 균일하고 안정적인 향기를 통해 성스럽고 경외감을 가진 장소로 인식시킬 수 있다.

메카의 안타까운 안전 불감증

이슬람교의 최대 행사인 메카 성지순례가 시작되면 200만 명이 넘는 인파가 메카로 집결한다. 메카의 성지순례는 카바 신전을 7번 도는 의식인 '타와프'가 핵심인데 이슬람 경전에는 이스마엘의 생모인 하갈이 물을 구하기 위해 카바 신전에서 근처 언덕 사이를 7번 오갔다고 쓰여 있다. 이것이 카바 신전을 7번 도는 이 의식의 기원이다.

타와프의 문제는 매년 다수의 사망자와 부상자가 발생한다는 점이다. 한꺼번에 너무 많은 사람들이 몰려 돌다 보니 압사 사고가 자주 발생하는데 지난 2015년에는 700여 명이 사망하고 800명 이상이 부상을 입는 등 역대 가장 큰 피해가 발생했다. 특히 악마의 돌기둥이라 불리는 벽에 돌을 던지는 의식에서 돌에 맞거나 밀려드는 사람 틈에 끼어 사망한 사례가 가장 많았다. 이 의식은 세 개의 돌기둥에 인근 돌산에서 주워 온 조약돌 49개를 일곱 개씩, 일곱 번에 걸쳐 던지며 사탄을 쫓는 『쿠란』의 구절을 재현한 것이다. 아이러니하게도 성스러운 행동이라 믿었던 의식에서 희생자가 많이 발생했다. 놀라운 것은 한 이슬람 자치공화국 정부의 수장은 성지순례를 떠나는 무슬림은 메카에서 죽기를 원하므로 압사 사건은 알라의 선물이라고 표현하기도 했다는 사실이다.

경계 너머의 문화를 어떤 관점에서 바라볼 것인가는 매우 중요하다. 그때의 비교기준을 경계의 안쪽과 바깥쪽이라고 하면 메카의 경계 바깥쪽에서 바라보는 메카의 내부 문화에 대해 객관적으로 평가해 볼 필요성이 있다. 메카로 온 순례객이 수용 가능한 범위 이상으로 몰려오면 그곳은 공간 수용 능력의 한계로 오버투어리즘(overtourism)* 이 발생한다.

* 과잉 관광으로 인해 유명한 세계 관광지들에 사회적 문제 및 환경 피해가 나타나는 현상이다.

안전 불감증은 가치중립적인 단어처럼 보이지만 때로는 특정세력을 보호하는 단어일 수 있다. 순례객의 안전을 책임을 져야 할 사람이나 정부에게 면죄부를 주고 보호의 필요성이 있는 순례자에게 종교적 메시지라며 책임을 떠넘기는 것이다. 안전과 종교의식은 서로 동떨어진 개념이 아니다. 이는 필요충분조건의 관계로 보고 접근해야 한다. 그동안 안전은 장소를 구성하는 주요 요소에서 배제되었다. 장소에 안전함을 부여하는 것은 인간에게 있어 가장 기본적인 환경 조건이다. 무슬림의 문화와 『쿠란』의 정신도 중요하지만 인간으로서 기본적으로 보장받아야 할 안전의 권리는 문화와 종교의 경계를 막론하고 전 세계적으로 초월하여 지켜져야 하는 원칙이다.

성찰 여행

Travel 20

커피에 관한 몇 가지 이야기

-에티오피아-

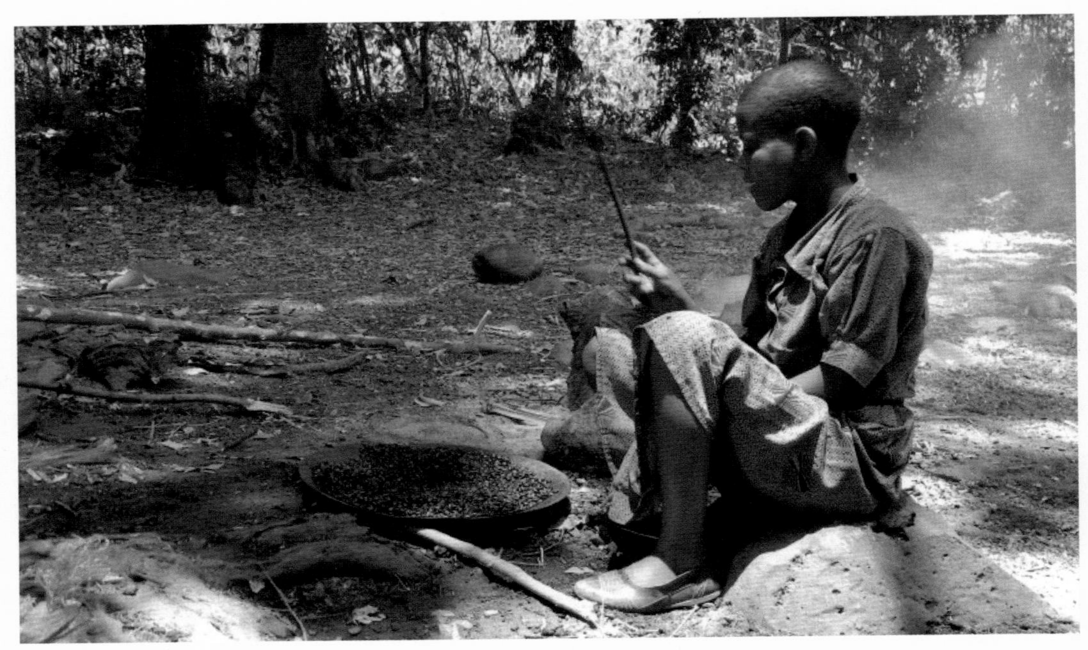

소년이 불을 피워 큰 쟁반에 콩 종류의 작물을 볶고 있습니다. 소년은 옷차림을 보아 비교적 더운 지역에 사는 듯하고 경제 사정은 어려워 보입니다.

커피는 생산지와 소비지가 일치하지 않기 때문에 국제적 이동량이 매우 많은 작물입니다. 연간 1인 평균 350잔 이상의 커피를 소비하는[1] 우리나라 역시 커피 원두를 100퍼센트 수입에 의존하고 있습니다. 커피는 주로 북회귀선과 남회귀선 사이의 저위도 지역에서 재배되는데, 커피를 생산하는 주요 국가들은 대부분 개발도상국이나 저개발국에 속합니다. 이곳의 커피 농장에서 일하는 노동자들은 정당한 노동의 대가를 받지 못하는 경우가 많습니다.

사진 속 소년이 살고 있는 에티오피아는 커피의 원산지로 널리 알려져 있습니다. '아프리카의 뿔'로 불리는 아프리카 북동부 지역에 위치한 에티오피아는 6·25 전쟁에 참전한 UN군 중 유일한 아프리카 나라로 국가 간 이해관계가 아닌 자유를 지키기 위한 신념으로 참전한 우방국입니다.

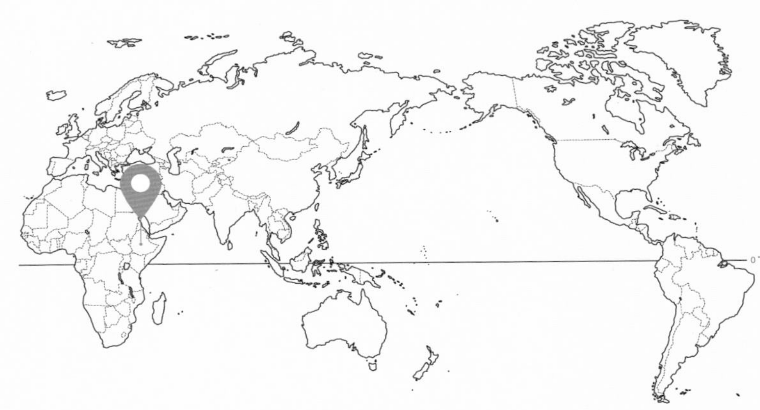

에티오피아의 칼디부터 고종 황제까지

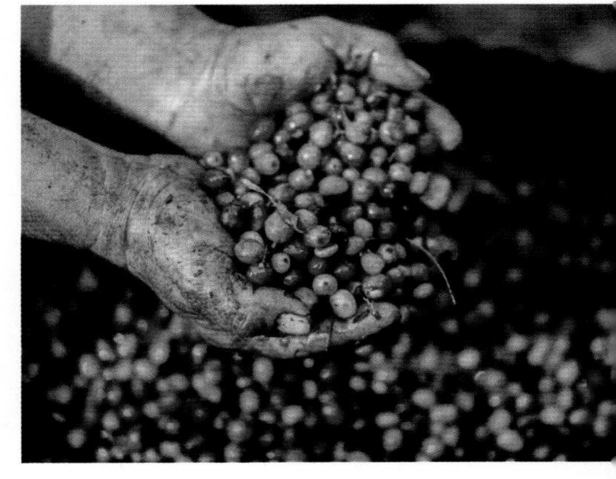
수확한 커피 열매

커피의 유래에 대해서는 정확한 기록이 없지만 850년 경 에티오피아에서 기원했다고 알려져 있다. 에티오피아의 칼디라는 염소지기가 염소를 방목하다 나무에 열린 빨간 커피 열매를 발견하여 지역 수도원에 소개했다는 것이다. 하지만 커피의 기원은 확실하지 않아 예멘의 모카에는 추방당한 이슬람교도가 커피 열매를 구워 먹으려다가 너무 딱딱해져 뜨거운 물에 우려 마셨다는 이야기도 있다.*

우리나라에서는 1895년 을미사변 이후 러시아 공사관으로 피신한 고종 황제가 러시아 공사 베베르의 권유로 처음 커피를 접했고, 환궁한 이후 덕수궁에 정관헌을 짓고 커피를 즐겼다고 한다. 러시아 공사관에서 고종의 커피 시중을 들던 독일인 손탁은 정동의 왕실 소유지를 하사받아 손탁호텔을 지었고 이 손탁호텔에 있던 다방이 우리나라 최초의 다방이라고 전해진다. 개화기까지만 해도 일부 지역에서 소규모로 확산되던 커피 다방은 6·25 전쟁 이후 본격적으로 대중화된다. 미군 부대에서 유출된 불법 제품의 암거래가 날이 갈수록 심해지자 정부는 1960년대 말 국내 커피메이커의 설립을 승인한다. 그리고 1970년 동서식품이 국내 최초로 인스턴트커피를 생산했다.[2)]

* 칼디와 모카는 커피와 관련해 자주 볼 수 있는 이름들이다. 칼디는 커피 종류와 상호에서 볼 수 있으며 모카는 아라비아 상인들이 커피를 수출하던 예멘의 모카 항구에서 수입한 콩으로 만든 커피다.

비슷해 보여도 모두 다른 커피

커피의 품종은 카네포라, 아라비카, 그리고 리베리카로 나뉘는데 카네포라는 대표 품종인 로부스타라고 부르기도 한다. 전 세계 커피 생산의 약 60퍼센트를 차지하는 아라비카는 향과 맛이 우수하지만 병원균에 약하여 내성이 강한 로부스타와의 교배종을 많이 만들어 냈다. 아라비카 커피가 향과 맛이 더 깊은 이

아라비카와 로부스타의 차이[3]

	아라비카	로부스타(카네포라)
특징	과일향, 꽃향부터 진한 초콜렛향까지 다양	강한 바디감과 깊고 진한 향
재배고도	800~2,000m	800m 이하
기온	16~24℃	22~30℃
내성	약함	강함
생산량	세계시장의 약 60%	세계시장의 30%
용도	필터 커피	에스프레소
카페인 함량	1.1~1.7%	2~4.5%
염색체 수	44	22
가격	높음	낮음

유는 염색체 수의 차이인데 로부스타의 염색체 수가 22개인 반면 아라비카는 44개나 된다. 열매가 맺히는 형태도 달라 아라비카는 한마디에 10개 정도가 자라는 반면 로부스타는 40~50개가 같이 자라는 것이 특징이다.[4]

에티오피아의 카파 지역에서 이름 붙여진 커피나무는 평균기온 15~24도, 강수량 1,400~2,500밀리미터인 지역에서 잘 자란다. 최한월 평균기온이 4도 이하인 서리가 내리는 지역이나 최난월 평균기온이 30도 이상인 지역에서는 제대로

커피 벨트

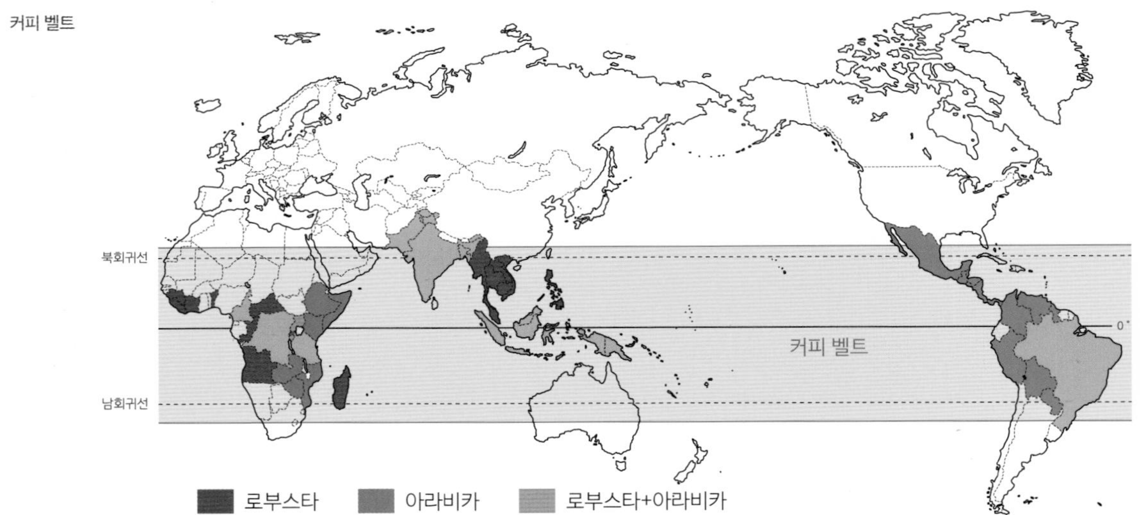

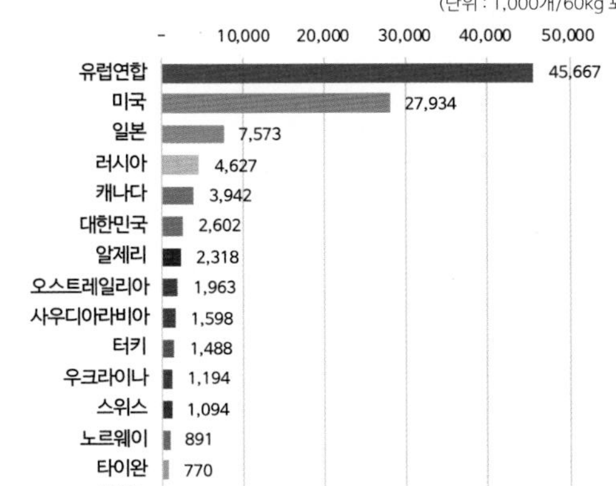

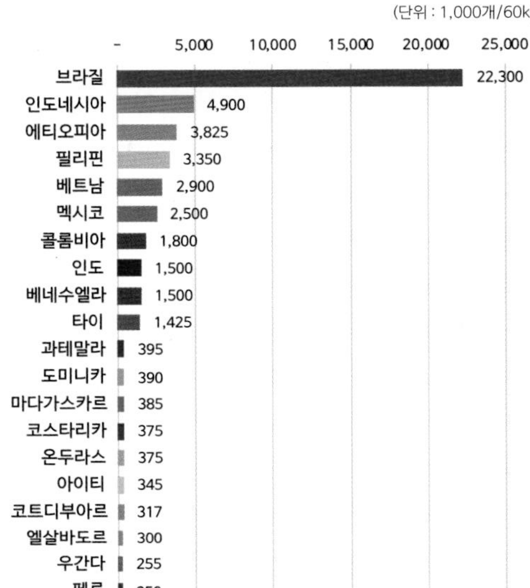

커피의 주요 수출국과 수입국[5]

열매를 맺지 못하며 커피 녹병에 취약해진다. 또한 일정 기간의 건기가 필요한데 대체로 이러한 기후 조건을 만족하는 지역은 북회귀선과 남회귀선 사이의 지역으로 이를 커피 벨트라 한다. 재배고도로 보면 아라비카는 고지대에서, 로부스타는 고온다습한 저지대에서 재배되는데 고지대의 커피 재배는 더 어렵지만 맛과 향이 더 좋아 고급 커피로 분류된다.

커피는 커피 벨트 내에서도 기후와 고도, 토양 조건이 맞는 곳에서만 제한적으로 생산된다. 반면에 소비는 주로 소득이 높은 지역에서 많이 이뤄지므로 생산지와 소비지가 일치하지 않아 국제적 이동량이 매우 많다. 주요 수출국은 브라질, 인도네시아, 에티오피아, 필리핀, 베트남, 멕시코 등이고, 주요 수입국은 유럽연합, 미국, 일본, 러시아, 캐나다, 우리나라 등이다.

정당한 노동의 대가 – 공정무역과 열대우림동맹

커피는 과거 식민지 확대 경쟁에 나섰던 선진국들이 커피 벨트에 위치한 저개발국의 자연환경과 현지의 저렴한 노동력을 이용하여 생산하던 식민지 수탈의 역사를 가진 작물이다. 현재에도 커피는 저임금 노동력에 의해 생산되고 있는데 '공정무역'은 저임금으로 고통받는 커피 생산자들에게 정당한 노동의 대가를 지불하자는 운동이다. 1980년대에 시작된 공정무역은 국제 시장에서 상대적 약자인 저개발국 커피 생산자들의 권익을 보호하고 소비자와 동등하게 거래할 수 있도록 돕는 비즈니스 모델이다. 하지만 실제 공정무역으로 유통되는 커피는 전 세계 생산량 중 4퍼센트에 불과하다.[6] 또한 공정무역 관련해 공인된 기관이 없고 협회 형식의 단체가 많아 대기업에서 마케팅의 한 수단으로 이용하기도 한다.

'열대우림동맹(Rainforest Alliance)'은 커피 재배로 인한 환경 문제에 초점을 맞춘 단체로, 이 단체 회원의 농장은 커피 재배 과정 중에 생물 다양성과 야생 동물을 보존해야 하고 수질과 토양 오염을 방지해야 한다. 또한 어린이 노동을 금지하고 노동자들에게 적절한 임금과 근로 조건을 제공해야 한다. 이와 비슷한 친환경 인증 프로그램으로 철새 생태계 보호를 위한 버드 프렌들리(Bud-Friendly), 농업 경영 컨설팅과 기술 지원 등을 통해 우수 농산물을 생산하고 환경적, 사회적 책임을 갖는 농수산물 생산 절차에 대한 인증제도인 UTZ 인증 등이 있다.[7]

에스프레소 vs 아메리카노 vs 믹스 커피

흔히 우리가 커피를 마시는 곳을 '카페'라고 하는데 이것은 터키어 'kahve'에서 유래한 프랑스어 'cafeteria'의 줄임말이다. 최초의 카페는 16세기 콘스탄티노플에 있었다고 전해진다.[8]

유럽에 처음 생긴 카페는 1645년 베네치아의 보테가 델 카페다. 카페의 의미는 지역마다 조금씩 달라서 프랑스에서는 커피를 마시며 이야기를 나누는 공간을 의미하고, 영국에서는 간단한 음식을 함께 파는 곳이다.

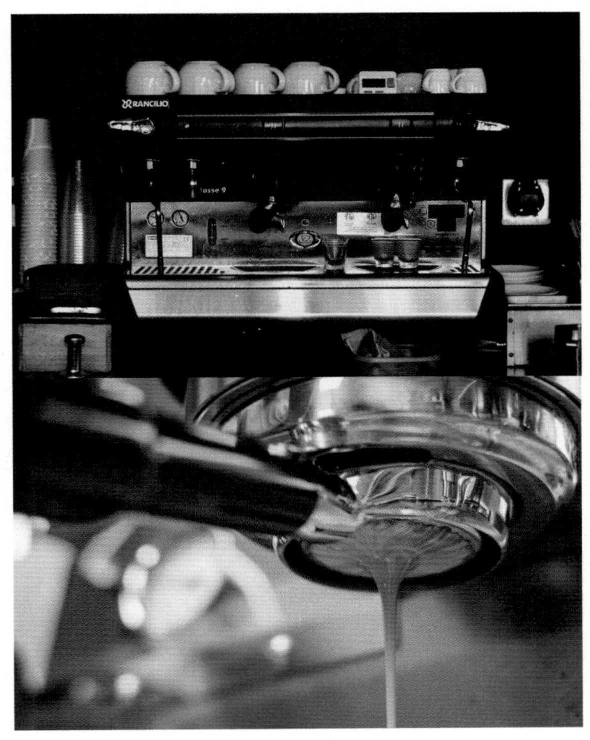

상) 에스프레소 기계
하) 에스프레소가 추출되는 모습

커피를 만드는 방법은 에스프레소, 핸드드립, 콜드브루, 프렌치 프레스, 터키식, 베트남식 등 다양하다. 그중 우리가 흔히 접하는 아메리카노와 카페 라테 등은 에스프레소를 기반으로 한 것이다. 에스프레소는 고온의 물에 고압을 가해 분쇄한 커피가루를 통과시킴으로써 단시간에 진한 커피를 추출하는 방법이다. 20세기 초반 이탈리아 밀라노 지역에서 개발된 에스프레소는 순수하게 수증기의 압력으로 추출되었다. 그러다 1940년대 중반 스프링 피스톤 레버 머신이 개발되어, 오늘날 우리가 알고 있는 형태의 에스프레소 커피가 제조되기 시작했다. 지금은 대개 대기압의 9~15배의 압력을 가해 에스프레소를 추출한다.[9]

에스프레소를 기반으로 한 커피 종류로는 에스프레소를 추출하여 우유를 올리거나 섞어 만드는 카페 라테, 카푸치노, 카페 모카• 등이 있다. 우유 대신에 생크림이나 휘핑크림을 올리면 콘파냐, 우유 거품을 올리면 마키아토가 된다. 아이스크림에 에스프레소를 얹어 먹으면 아포가토가 된다. 한편 찬물로 조금씩 커피를 추출하면 더치 커피가 된다. 더치 커피는 인도네시아에서 네덜란드로 커피를 운반하던 선원들이 찬물로 장시간에 걸쳐 추출하는 방법을 알아낸 것에서 유래했으며 요즘은 콜드브루 커피라고도 한다.

• 예멘 모카 항에서 수출된 커피가 초콜렛 풍미가 가득한 커피였으므로 에스프레소에 우유와 초콜릿을 약간 첨가한 것이 카페 모카다.

아메리카노는 추출해 낸 에스프레소에 뜨거운 물을 섞은 것이다. 아메리카노의 기원에 대해서는 여러 가지 설이 있으나 제2차 세계대전 때 참전한 미국 군인들이 쓴 에스프레소에 적응하지 못해 물을 더해 먹었다는 것이 가장 유력한 이야기다. 한편 유럽인들은 미국 사람들이 커피에 물을 타는 것을 이해하지 못하지만 그들에게는 나름의 역사적 이유가 있었다. 신대륙으로 이주한 영국인들, 즉 미국을 개척한 초창기 미국인들은 차를 많이 마셨다. 하지만 1775년 미국 독립 혁명의 도화선이 된 '보스턴 차 사건' 이후 미국인들은 차 대신 커피를 마시는 행동을 애국으로 여기기 시작했다. 이후 서부 개척 전성기였던 1860~1890년대 개척자들의 커피 문화가 미국의 커피 문화로 자리 잡았는데, 당시 서부 개척자들은 먼 거리를 이동해야 하는 열악한 환경 탓에 제대로 된 커피를 마실 수 없었다. 오래된 커피 원두와 추출할 도구 부족은 커피의 맛을 쓰거나 떫게 만들었고 개척자들은 이를 피하기 위해 자연스레 물을 많이 넣은 부드러운 커피를 만들어 즐기게 된 것이다.[10]

풍부한 맛과 향을 원한다면 핸드 드립 커피도 있다. 이것은 종이나 천으로 된 필터를 깔대기 모양의 드리퍼에 넣고 수작업으로 추출하는 방법으로 섬세한 맛을 즐길 수 있다. 서구권에서는 핸드 드립이라는 용어보다 '필터 커피' 또는 '푸어 오버 커피'라는 말이 흔한데 필터 커피 추출에 필요한 종이 필터와 드리퍼의 원형은 독일 사람 멜리타가 발명한 것이다. 1908년 멜리타 벤츠는 양철 포트에 구멍을 내고 아들의 연습장 압지를 그 위에 올려 커피를 추출하는 아이디어로 특허 등록을 했다. 지금도 아랫부분이 일자로 된 깔대기 모양의 커피 드리퍼를 '멜리타 드리퍼'라고 한다.

좌) 1910년의 멜리타 드리퍼
우) 오늘날의 멜리타 드리퍼

커피와 크림, 설탕을 이상적인 비율로 배합하여 작은 봉지에 넣어 밀봉한 일명 '믹스커피'는 우리나라에서 처음 만들어졌다. 1970년대 우리나라에서 처음으로 인스턴트커피를 생산한 동서식품은 1976년 우리나라 사람의 입맛에 맞게 커피와 크림, 설탕을 배합한 '커피믹스'를 개발, 판매했다. 당시 한 봉지에 45원이던 커피믹스는 상류층과 애호가들의 음료였던 커피가 서민의 일상으로 파고드는 계기가 되었다. 이후 믹스커피 시장이 급성장한 것은 놀랍게도 1997년 외환위기 때다. 이전까지만 해도 누군가 타 준 커피를 마시던 문화였는데, 외환위기로 인한 고용 감소로 커피는 마시는 사람이 직접 타는 문화로 바뀐 것이다. 때마침 보급률이 높아진 냉온수기와 더불어 믹스커피 시장은 급성장했고 외국에서도 인기 있는 제품이 되었다.[11]

커피의 화학

커피를 마시는 이유 중의 하나는 졸음을 쫓고 피로를 회복하기 위해서다. 우리가 피곤하다고 느낄 때 생성되는 아데노신은 아데노신 수용체과 결합하여 신경 세포의 활동을 둔화시키는데 커피에 포함된 카페인은 아데노신 대신에 수용체와 결합하여 신경 세포의 활동을 활발하게 하는 각성 효과를 가져온다. 하지만 과도한 카페인 섭취는 체내의 칼슘 공급을 방해하고 신경과민과 메스꺼움을 유발하기도 한다니 너무 많은 커피를 마시는 것은 피하는 것이 좋다.

커피나무의 병충해를 막아 주는 역할을 하는 카페인은 커피의 품종에 따라 함유 비율이 다르다. 아라비카에 비해 로부스타가 카페인 함유량이 높아 병충해에 강한 반면 쓴맛도 더 많이 난다. 커피를 볶는 과정인 로스팅을 거치면 카페인의 함량이 늘어난다고도 하는데, 이는 로스팅을 강하게 할수록 원두의 수분이 증발하여 커피의 무게가 줄어들게 되므로 손실이 일어나지 않는 카페인의 비율이 상대적으로 높아지는 것이다.

아라비카 생두의 카페인 비율은 약 1.2퍼센트이므로 100그램당 약 1.2그램의 카페인을 포함하고 있는 셈이다. 우리가 마시는 커피에 카페인이 얼마나 들어 있는지 생두 100그램을 기준으로 계산해 보자.[12]

에스프레소 에스프레소용으로 로스팅하면 일반적으로 약 20퍼센트의 무게 손실이 있으므로 로스팅 과정을 거친 100그램의 원두는 80그램으로 줄어들고 이것을 다시 에스프레소로 추출하면 약 80퍼센트 내외로 추출된다.

$$\frac{(\text{카페인 양}=1.2g)}{(\text{로스팅 한 원두의 무게}=80g)} \times 0.8=0.012g=12mg$$

핸드 드립 커피 핸드 드립용으로 로스팅하면 약 10퍼센트의 무게 손실이 있으므로 로스팅 과정을 거친 원두의 무게는 90그램이 되고 이것을 핸드 드립으로 추출하면 약 95퍼센트 내외로 추출된다.

$$\frac{(\text{카페인 양}=1.2g)}{(\text{로스팅 한 원두의 무게}=90g)} \times 0.95=0.0127g=13mg$$

위의 계산은 1그램당 카페인 함량이므로 실제 추출에 사용된 원두의 무게를 곱하면 한 잔당 카페인 양을 알 수 있다. 일반적인 에스프레소 2샷에 사용되는 원두의 양은 16~18그램이므로 18그램을 모두 추출한 에스프레소에는 192~216밀리그램의 카페인이 포함되어 있는 셈이다.* [13] 일반적으로 하루에 섭취하는 카페인의 양은 300~400밀리그램을 넘지 않는 것이 좋다.

● 커피 브랜드마다 원두의 양과 추출 방식, 환경이 다르기 때문에 실제 통계에서는 아메리카노 1잔(300밀리리터 내외)에 110~200밀리그램 정도의 카페인이 함유되어 있는 것으로 나타났다.

카페인의 효과를 극대화할 수 있는 가장 좋은 시간은 오전 10~11시, 오후 1시 반~2시라고 한다. 이는 코르티솔이라는 호르몬과 관련이 있다. 부신피질에서 만들어지는 코르티솔의 기능 중 하나는 각성 효과로 코르티솔은 아침 8시부터 9시 사이에 가장 많이 만들어지고 점차 감소하다 점심시간이 되면 약간 상승한다. 그 후 다시 감소하다가 오후 5시 30분에서 6시 30분 사이에 다시 작은 피크를 이룬다. 그러므로 우리가 정신을 맑게 하기 위해 커피를 마시는 거라면 이른 아침보다는 코르티솔이 줄어드는 시간인 늦은 오전 혹은 점심 식사 이후의 이른 오후가 적절하다.

또한 커피 속의 카페인은 심장을 두근거리게 만든다. 이러한 변화는 우리가 사랑에 빠졌을 때 느끼는 신체 변화와 거의 유사하므로 커피를 마시면서 데이트를 한다면 커피로 인한 심장 두근거림이 데이트 상대 때문이라고 느낄 수 있다. 이런 현상을 오귀인 효과(misattribution effect)라고 한다.

지친 현대인의 일상에 활력을 가져다주는 것도, 역사 속 중요한 순간에 놓인 인물의 고뇌와 함께했던 것도 한 잔의 커피이다. 우연히 커피를 발견한 목동의 이야기와 커피 한 잔 가격에도 미치지 못하는 임금을 받고 일하는 커피 농장 노동자의 이야기, 커피의 발달 역사에서 다양한 맛과 향을 만들어 낸 사람들의 이야기와 같이 우리 일상 속 한 잔의 커피에는 수많은 이야기가 담겨 있다. 앞에서 본 커피에 관한 몇가지 지리적 지식과 더불어 다른 수많은 이야기에 조금씩 관심을 가져 보면 더 향기로운 커피를 즐길 수 있을 것이다.

Travel 21

강치와 괭이갈매기의 땅

-대한민국 독도-

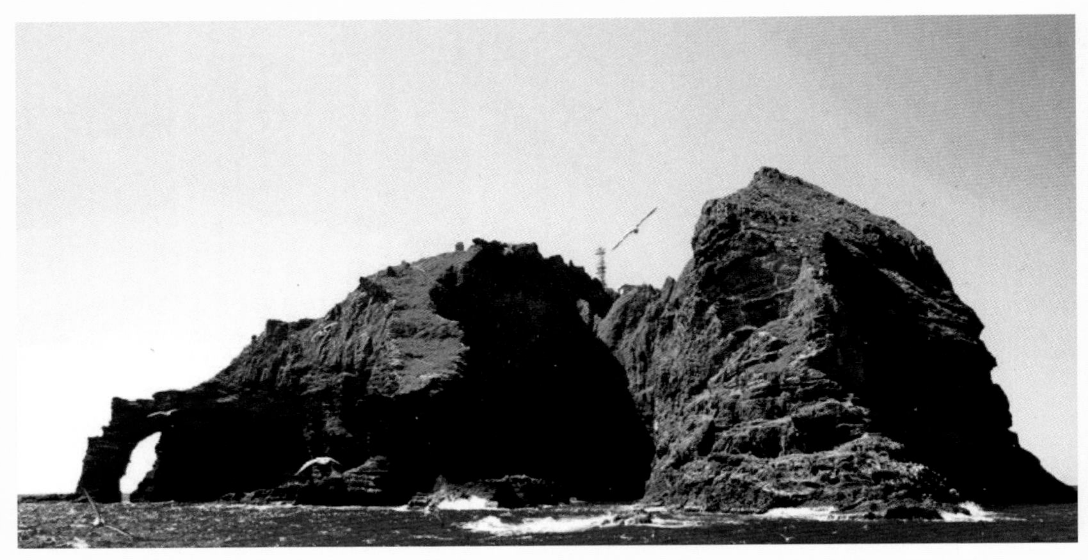

왼쪽 끝으로 코끼리 코를 닮은 바위가 보입니다. 한반도 형태를 꼭 닮은 지형도 있고, 하늘 위를 나는 새와 그 뒤로 철탑처럼 보이는 시설물도 있습니다.

코끼리 코를 닮은 바위는 파랑에 의한 침식작용으로 형성된 해식 아치입니다. 동도의 동쪽 끝에 있으며 청나라로부터의 독립을 상징하는 독립문과 비슷하다 하여 독립문 바위라고도 부릅니다. 한반도와 꼭 닮은 모양의 지형이 있는 독도는 이로써 스스로가 한반도의 땅임을 나타내고 있는 듯합니다. 동도 북쪽 사면에 명확하게 드러나는 한반도 형상을 사람들은 '한반도 바위'라고 부릅니다.

하늘을 가르며 시원하게 나는 새는 괭이갈매기입니다. 독도는 우리나라의 대표적인 괭이갈매기 서식지입니다. 울음소리가 고양이를 닮았다고 해서 괭이갈매기로 불리는 이 새 뒤로 보이는 것은 안테나 시설입니다. 동도에는 독도경비대가 있으며 방송과 통신을 위한 시설이 갖추어져 있습니다.

대한민국 고유의 영토, 독도

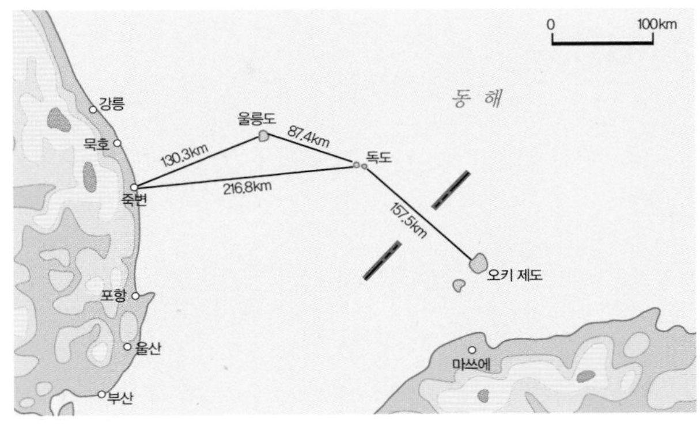

독도의 위치

독도는 대한민국의 국유지로 섬 전체가 천연기념물 336호(1982년 11월)로 지정되어 있다. 독도는 동도와 서도 그리고 89개의 부속 도서로 이루어져 있고, 대한민국 정부는 독도가 역사적, 지리적, 국제법적으로 명백한 대한민국 고유의 영토임을 밝히고 있다.

독도는 울릉도에서 동쪽으로 87.4킬로미터 떨어져 있는데, 맑은 날에는 울릉도에서 육안으로도 볼 수 있다. 『세종실록 지리지』(1454년)에서는 우산(독도)과 무릉(울릉도)이 강원도 울진현에 속해 있으며, 두 섬은 멀리 떨어져 있지 않아 날씨가 맑으면 볼 수 있다고 기록하고 있다.

독도가 대한민국 고유의 영토임을 일본 스스로가 인정한 역사적 사건으로 '울릉도 쟁계'를 들 수 있다. 17세기 말 조선 어부 안용복 일행과 돗토리번 어부들 사이의 논쟁으로 시작된 조선과 에도막부 사이의 '울릉도 쟁계'를 통하여, 일본은 독도가 조선의 영토가 분명함을 인정했다. 에도막부가 1696년 1월 28일 돗토리번에 대해 '울릉도 도해 금지령'을 내린 것이다. 독도는 울릉도에 속하는 섬이었기에 여기에는 '독도 도해 금지령'도 함께 포함되어 있었다.

독도 가는 길

독도는 울릉도를 경유해서 간다. 독도로 가는 배가 울릉도 저동 항과 사동 항에서 출발하기 때문이다. 그러면 내륙에서 울릉도로 가려면 어떻게 해야 할까? 포항 여객선터미널, 울진 후포 여객선터미널, 동해 묵호 여객선터미널, 강릉 여객선터미널에서 울릉도로 가는 배를 탈 수 있다. 포항에서 울릉도까지는 3시간

30분 정도 소요되고, 울진 후포에서는 2시간 20분, 동해 묵호와 강릉에서는 3시간 정도의 시간이 소요된다. 울릉도 저동 항과 사동 항에서 독도를 왕복하는 데는 평균 4시간 30분 정도가 소요되며, 독도 동도 선착장에 내려 20분쯤 독도에 머무를 수 있다.

독도의 독특한 경관과 생태

독도는 약 460만 년 전 생성되기 시작한, 해저 약 2,000미터에서 솟아오른 용암이 굳어 형성된 화산섬이다. 약 270만 년 전에 해수면 위로 올라왔고, 250만 년 전에는 하나였던 섬이 바닷물의 침식에 의해 두 개로 나뉘었다. 이후 풍화와 침식을 받으며 약 210만 년 전에 오늘날과 같은 모습을 갖추게 되었다.

독도에서는 화산지형이나 구조지형, 해안지형 및 풍화지형 등을 볼 수 있다. 해안에 도달하는 파랑의 에너지가 매우 크기 때문에 파식대, 해식애, 시스택, 해식아치, 자갈 해안 등의 독특한 지형들이 발달해 있다. 앞서 언급한 코끼리 바위와 한반도 바위 또한 풍화와 차별침식으로 형성된 것이다.

동도에는 98.6미터 최고봉 부근에 바닥까지 뻥 뚫린 깊이 약 100미터의 와지(움푹 패어 웅덩이가 된 땅)가 있고, 그 바닥 쪽에 바닷물이 드나드는 두 개의 동굴이 있는데 이 동굴을 천장굴이라 부른다. 섬의 사면에는 기반암이 풍화되어 20~30

동도에서 바라본 서도

독도 선착장에서 바라본 동도

센티미터 정도의 두께로 토양층이 형성되어 있다. 서도는 최고봉이 168.5미터고 해안 절벽에는 해식동굴이 발달해 있다. 북서쪽 해안에는 탕건봉 아래로 민물이 고이는 물골이 있다. 동도에는 독도경비대와 독도등대 및 위성안테나, 접안시설 등이 있고 서도에는 주민 숙소가 있어 김성도(2018년 10월 별세) 씨의 아내 김신열 씨가 거주하고 있다.

독도는 난류의 영향을 받는 전형적인 해양성 기후다. 연평균 기온은 12도(1월 평균기온 1도, 8월 평균기온 23도)이고, 연간 강수량은 1,400밀리미터 정도다. 안개가 잦으며 연중 160일 이상의 흐린 날과 150일 정도의 강우 일수가 나타난다.

독도는 민들레, 괭이밥, 섬장대 등의 초본류와 곰솔(해송), 붉은가시딸기(곰딸기), 동백 등의 목본류를 합하여 60여 종의 식물과 민집게벌레, 메뚜기, 딱정벌레 등 130여 종의 곤충, 괭이갈매기, 바다제비, 황조롱이 등 160여 종의 조류, 꽁치, 방어, 복어, 오징어, 전복, 소라, 미역, 다시마, 해삼 등 어패류 및 해조류를 포함하여 다양한 해양생물이 어우러져 살아가는 삶의 터전이다.

독도의 이름

우리나라의 옛 문헌 속에서 확인할 수 있는 독도의 이름은 우산도(于山島), 삼봉도(三峰島), 가지도(可支島), 석도(石島), 독도(獨島) 등이다. 우산도는 『삼국사기』, 『고려사』, 『세종실록지리지』, 『동국여지승람』 등에서 그 기록을 찾을 수 있는데, 『만기요람』(1808)에서는 "울릉과 우산은 모두 우산국의 땅이다. 우산은 왜(倭)가 말하는 송도다."라고 하여 울릉도와 함께 독도의 옛 이름으로 우산도를 명확히 기술하고 있다.

삼봉도는 섬의 모습이 세 개의 봉우리로 보인다 하여 생겨난 이름으로 『성종실록』(1476)에 기록되어 있다. 가지도는 가지어(可支魚)가 많이 산다 하여 붙여진 이름인데, 가지어는 물개의 일종으로 현재 멸종한 강치를 말한다. 강치를 우리말로 '가제'라 불렀는데, 이를 음역하여 부른 것이 가지어다. 『정조실록』(1794)

에는 가지도에 가 보니 가지어가 놀라 뛰어나왔다는 기록이 있다. 석도는 돌섬이라는 뜻으로, 대한제국 칙령 제41호(1900)에서 울릉도를 울도로 개칭하고 도감을 군수로 개정하는 건에 대하여 "제1조 울릉도를 울도라고 개칭하여 강원도에 부속하고 도감을 군수로 개정하여 관제 중에 편입하고 군의 등급은 5등으로 할 것"과 "제2조 군청의 위치는 태하동으로 정하고 구역은 울릉 전도와 죽도, 석도를 관할할 것"이라 기록하고 있다.

그렇다면 오늘날과 같은 '독도'라는 이름은 언제부터 누가 불렀을까? 1883년 고종은 울릉도에 민간인 거주를 금지하고 정기적으로 관리를 파견해 순찰하던 '수토 정책'을 폐기하고 주민을 이주시켜 울릉도를 개발하는 '울릉도 개척령'을 내렸다. 이후 울릉도로 이주한 사람들이 독도를 돌섬이라 불렀고, 이를 한자로 표기한 석도(石島)가 1900년 10월 25일 반포된 대한제국 칙령 제41호에 기재된 것이다. 당시 울릉도 초기 이주민인 전라도 남해안 출신 사람들은 돌섬을 독섬이라 불렀는데, 독은 전라도 방언으로 돌을 뜻한다. 이러한 사실을 일본도 알고 있어서 일본 군함 니타카의 항해 일지(1904년 9월 25일)에는 "한국인은 이것을 독도라고 쓰고 본방 어부들은 리안코도라 칭한다."라고 쓰여 있다. 독도라는 이름이 행정지명으로 사용된 것은 1906년 울릉군수 심흥택에 의해서였다. 그러므로 독도는 홀로인 섬, 외로운 섬이 아니라 독섬을 한자로 표기한 것이다.

독도 강치

"6월 26일에 가지도로 가니 네댓 마리의 가지어가 놀라서 뛰쳐나오는데, 모양은 수우(水牛)와 같고 포수들이 일제히 포를 쏘아 두 마리를 잡았습니다." 『정조실록』(1794)에 기록된 강원도 관찰사 심진현이 올린 장계의 내용이다. 독도 주변은 한류와 난류가 만나는 조경수역으로 바다사자의 먹이가 풍부해서 바다사자의 일종인 강치가 번식하고 서식하기에 좋은 환경이다. 조선 시대에는 강치를 가제 또는 가지로 불렀으며 독도에는 가제 바위라 불리는 바위가 있어 이곳이 강치의 서식처였음을 알려 주고 있다.
강치는 일본의 상업적 포획으로 개체 수가 급감하였고 1994년 국제자연보전연맹이 강치의 멸절을 선언했다. 일본 어부들은 에도 시대부터 독도 주변으로 출어해 강치를 잡았고, 러일전쟁 전후로는 기름과 가죽을 얻기 위하여 무분별하게 남획하여 마침내 멸절에 이르게 하였다.

국제법적으로 무효인 시마네현 고시

일본은 1905년 시마네현 고시 제40호를 통해 독도를 일본의 영토로 편입하고자 했다. 당시 일본은 만주와 한반도의 이권을 두고 러시아와 전쟁 중이었는데 동해에서 러시아보다 우위를 점하기 위해 이런 시도를 한 것이다. 그때 독도는 군사적으로 매우 가치 있는 섬이었다. 이미 일본은 대한제국에 대하여 1904년 2월 한일의정서 체결을 강요하여 러시아와의 전쟁에서 일본이 필요한 한국의 영토를 자유로이 쓸 수 있도록 했으며, 1910년 한국을 강제병합하기 이전에 단계적인 침탈을 진행하고 있던 상황이었다. 따라서 시마네현 고시를 통한 독도의 편입 시도는 우리의 영토주권을 침해한 불법행위로 국제법상으로도 효력이 없는 것이다.
한편 1943년 12월 발표된 카이로 선언과 1945년 7월 발표된 포츠담 선언, 1946년 1월 연합국 최고사령관 각서 제677호 및 1946년 6월 연합국 최고사령관 각서 제1033호 등에서도 독도에 대한 우리의 영토주권을 확인할 수 있다.

독도의용수비대

독도의용수비대는 한국전쟁의 휴전협정이 진행되던 즈음, 일본의 도발로부터 독도를 지키기 위해 울릉도 주민이 결성한 단체다. 1953년 4월 20일 독도에 상

부채를 펼친 모양의 부채바위

주민들이 칼을 갈았다는 숫돌 바위

륙하여 1956년 12월 30일 국립경찰에 수비 업무와 장비 전체를 인계할 때까지 활동했다. 한국전쟁에 참전하여 부상을 입고 제대한 울릉도 주민 홍순칠을 비롯한 제대 군인들이 주축이 되어 자발적으로 독도 경비에 나선 것이다. 이들은 1954년 8월 독도에 접근한 일본 순시선, 그리고 같은 해 11월 3척의 일본 순시함과 교전하여 독도를 지켜내는 성과를 거두었다.

평화선 · 한일어업협정 · 신한일어업협정

일본은 1904년 시마네현 고시 제40호로 무주지인 독도를 자국의 영토로 편입하여 새로운 영토를 취득했으며, 대한민국이 불법적으로 평화선을 선언하여 독도를 무단점령하고 있다고 주장 중이다. 여기서 말하는 평화선은 이승만 대통령이 1952년 공표한 것으로 대한민국과 주변국 간의 수역 구분과 자원 및 주권 보호를 위해 설정한 경계선을 말한다. 당시 해양분할이 국제적인 경향으로 자리를 잡아가던 차에 활발한 일본의 어업 활동으로부터 영세한 한국 어민을 보호하고 광물과 수산자원을 보호하기 위해 선포한 것이다. 평화선이 선포된 후

일본 어선의 침범 조업이 줄어드는 듯했지만 얼마 지나지 않아 다시 급증했다. 이에 이승만 대통령은 평화선 내에서 조업하는 외국 어선은 국적을 불문하고 나포하라는 지시를 내렸다. 이후 1965년 한일어업협정이 체결될 때까지 평화선은 독도를 포함하여 한일 양국 간 해양 영토 문제의 중심에 있었다.

평화선에 의하면 독도 기점 대략 8해리를 영해로 볼 수 있었는데 1965년 체결된 한일어업협정은 당시 국제적 관행이던 3해리 영해 대신 독도 주변 12해리를 어업전관수역(자국의 어업에 관하여 배타적 관할권을 행사하는 수역)을 설정하고 그 외측에 공동규제수역을 설정했다. 대한민국은 평화선을 포기하는 대가로 일본의 어업 기술 이전과 차관 9,000만 달러를 지원받아 일본의 중고 어선 등을 값싸게 사들여 어선의 대형화 및 현대화를 도모했다.

그러나 1994년 11월 영해 12해리 배타적경제수역 200해리를 주요 사항으로 하는 유엔해양법협약이 발효되자 일본은 이를 빌미로 한일어업협정을 일방적으로 파기했다. 그리고 1998년 새로운 협정을 체결했는데 이것이 바로 신한일어업협정이다.

신한일어업협정에 따르면 독도는 12해리 영해만 갖고 양국 모두 배타적경제수역을 주장하지 않으면서 잠정합의수역이라는 중간수역을 설정했는데 독도가 이 중간수역에 포함되었다. 특히 어업에 관해 잠정합의수역 안에서 양국이 동등한 법적 지위를 갖는다고 하여 독도 주변 해역을 공동 관리하는 형태로 합의했다는 점에 대한 비판이 잇따랐다.

쉽게 닿을 수 있을 법도 하지만 작정하고 출발하지 않고서는 쉽게 오를 수 없는 땅 독도. 그 이름만 들어도 뭉클한 무엇이 솟구쳐 오른다. 무수히 많은 외침을 오롯이 이겨 낸 한반도의 땅, 우리네 삶을 그대로 닮은 땅 독도. 그곳에 서면 이 땅에 사는 많은 생명이 우리와 함께 있음을 알게 된다.

Travel 22

우리가 이 섬을 기억해야 하는 이유

-일본 군함도-

흉물스러운 건물과 콘크리트 구조물에서 삭막함이 느껴집니다. 일본 나가사키현의 군함도는 지금은 사람이 살지 않지만 과거 조선인들이 강제징용되어 석탄을 채굴하던 '지옥섬'입니다.

낡은 아파트와 콘크리트 구조물이 보이는 이곳은 축구장 10개 크기의 작은 섬 군함도입니다. 일제강점기 조선인들이 강제로 끌려가 지하 광산에서 석탄을 캐던 곳입니다. 2015년 7월 일본은 군함도를 포함한 일본의 산업유산 23곳을 세계문화유산에 등재했습니다. 그들은 메이지 시대의 산업유산이 비서양권 최초의 산업혁명 유산으로서 가치가 있다고 주장했습니다. 하지만 이곳에 끌려와 온갖 고초를 겪은 조선인과 중국인의 강제징용에 대해서는 한마디도 언급하지 않았습니다. 부끄러운 역사는 숨기고, 위대한 업적만을 보여 주려는 일본인들의 모습에 비난이 쏟아지고 있습니다. 독일의 졸버레인 광산은 산업혁명의 유산으로 세계문화유산으로 등재될 때, 나치 독일의 유대인 학살과 강제징용을 함께 기록했습니다. 일본도 그런 성숙한 태도를 보여 주기를 기대합니다.

어부가 검은 돌을 발견하다

일본 나가사키 항에서 남서쪽으로 18킬로미터 떨어진 곳에 있던 하시마(端島)라는 이름의 작은 수중 암초가 역사의 주인공이 된 것은 아주 우연한 일이 시작이었다. 1810년 암초 주변에서 물고기를 잡던 어부가 검은 돌을 발견한 것이다. 일본이 서양의 문물을 받아들이던 메이지 유신 시대, 어부가 발견한 석탄은 아시아 최초 산업혁명의 주역이 되었다. 일본 정부는 작은 수중 암초 아래 석탄이 매장된 것을 확인한 후, 섬 주변을 매립하고 콘크리트 구조물을 설치하여 축구장 10개 크기의 인공섬을 만들었다. 이 섬은 동서 길이가 160미터, 남북 길이가 480미터, 둘레는 1.2킬로미터 정도 된다.

1870년경 정부 주도로 소규모의 석탄 채굴이 시작되었고, 1890년 미쓰비시가 인수한 후 본격적인 석탄 채굴이 이뤄졌다. 양질의 석탄이 매장되어 있던 이 섬에 본격적인 투자가 시작되면서 사람들이 모여들기 시작했다. 하지만 그 사람들 중 대부분은 강제로 징용된 조선인과 중국인이었다.

군함도 위치

그 섬에 사람들이 넘쳐나다

1890년대부터 일본의 군수 산업을 담당했던 미쓰비시 기업은 군함도 지하의 석탄을 채굴하기 시작했다. 특히 1940년대에는 석탄을 채굴하는 노동력을 확보하기 위해 조선인과 중국인을 강제로 데려왔고, 그들을 관리하는 일본인도 들어오면서 이 작은 섬은 발을 디딜 틈이 없을 정도로 사람들이 넘쳐났다. 사람이 가장 많았던 1960년에 이 섬의 인구는 5,276명이었는데, 당시 세계에서 인구밀도가 가장 높은 곳으로 기록되기도 했다.

미쓰비시가 본격적으로 석탄 채굴을 시작한 이후 이곳에서 일하는 많은 사람들을 수용하기 위해 군함도에는 일본 최초로 콘크리트를 이용한 7층 아파트가 만들어졌다. 그 이후 계속해서 아파트들이 세워지면서 섬은 마치 군함의 모습을 하게 되었는데, 1920년대 일본의 여러 신문에서 이 섬이 일본 해군의 군함을 닮았다는 내용이 자주 실리면서 하시마는 군함도라는 이름으로 더 유명해졌다. 지금도 일본인들은 이 섬을 군함도, 즉 '간쿤지마'라고 부른다.

미쓰비시는 석탄을 채굴하기 위해서 군함도로 일본의 우수한 인재들과 관리 인력들을 데려왔고, 이들을 위한 학교, 병원, 목욕탕 등 편의시설도 마련했다. 군함도의 사람들은 경제적으로 풍요로웠다. 단 일본인들에 한해서만 그랬다.

측면에서 본 군함도

군함도의 아파트

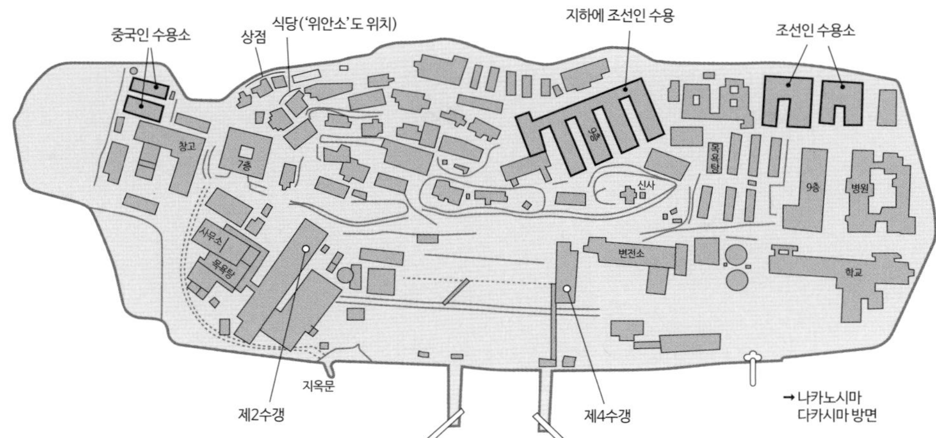

군함도 구조

일본이 산업유산이라고 자랑하는 화려한 건물들 아래에는 강제로 끌려온 조선인과 중국인 노동자들의 수용소가 있었다. 수용소는 섬의 가장 가장자리 파도를 맞이하는 위치에 있었고, 그 수용소 위로 높이 솟아 있는 아파트에는 일본인 노동자와 탄광 관리자들의 숙소가 있었다. 그리고 가장 높은 곳에는 신사가 있었다. 이 군함도에서는 계급에 따라 공간마저 수직적으로 나뉘어 있었다. 조선인과 중국인이 최하위 계급임을 수용소의 위치로 확인할 수 있는 것이다.

일본인들은 수직적 공간 배치와 함께 수평적 공간 배치에도 신경을 썼다. 조선

위에서 본 군함도

인 수용소와 정반대되는 위치에 중국인 수용소를 배치했는데, 강제징용된 조선인과 중국인들이 힘을 합해 저항하는 것을 막기 위해 최대한 멀리 떨어져 있게 한 것이다.

지옥섬 군함도

1937년 중일전쟁이 시작되면서 일본은 군수물자를 생산하기 위한 공장과 탄광에서 일할 노동력이 많이 필요했다. 이에 1938년부터 국가총동원법에 의한 조선인 강제징용이 시작되었고, 1941년 태평양 전쟁이 시작되면서 강제징용은 더욱 본격화되었다. 그렇게 1938년부터 해방이 되는 1945년까지 약 700만 명의 조선인이 일본으로 끌려갔다. 이곳 군함도에서 일한 탄광 노동자 중 3분의 1인 800여 명이 강제징용된 조선인이었을 것으로 추정하고 있다.

처음에는 미쓰비시와 같은 기업들이 일본 정부의 허가를 받고 "쌀밥과 돈을 벌 수 있다."는 말로 사람들을 유혹했지만 기대만큼 노동력을 확보하지 못했다. 이

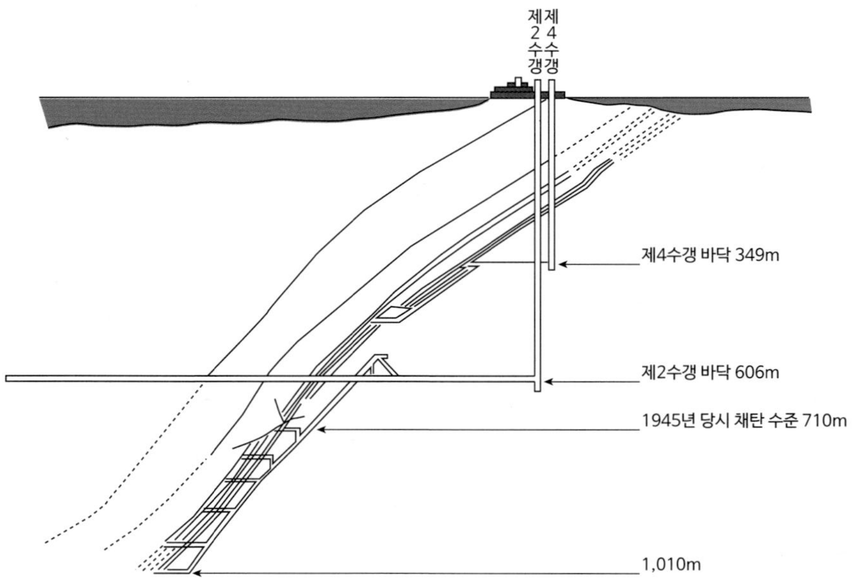

군함도 지하탄광

에 일본은 강제동원을 위한 징용령을 내려 본격적으로 조선인들을 데려갔다. 강제징용으로 군함도에 도착한 사람들은 그 열악한 환경 때문에 하루하루의 삶이 지옥이었다. 그들이 머물렀던 수용소는 햇빛이 거의 들지 않았는데, 파도가 심하게 치면 벽을 넘어 바닷물이 들어와 항상 습하고 청결하지 못했다. 게다가 3평 남짓 하는 방에서 10여 명이 지내야 했기 때문에 편안한 잠자리나 휴식은 꿈도 꿀 수 없었다. 하루 12시간 가까이 노동을 했지만 그들이 먹을 수 있었던 것은 감자, 베트남 쌀로 지은 밥 조금과 일본인들이 먹다 남은 정어리 부스러기가 전부였다. 굶주림은 이곳을 지옥이라 부르는 가장 큰 이유였다.

해저 탄광은 공포 그 자체였다. 승강기를 타고 지하로 수백 미터를 내려가면 석탄을 채굴하는 곳이 나온다. 높이와 폭이 50센티미터 내외인 낮고 좁은 탄광 안에서는 거의 누운 채로 석탄을 캐내야 했다. 좁고 밀폐된 탄광은 옷을 입을 수 없을 만큼 뜨거운 열기를 내뿜었고 석탄가루도 끊임없이 날렸다. 그런 상황이니만큼 먹을 물은 정말 중요했다. 하지만 그 양은 충분치 않았다. 지하에 흐르는 물을 마시고 싶어도 사람들의 배설물로 인해 더러워져 먹을 수가 없었다. 이렇게 열악한 환경에서 매일 12시간 동안 강도 높은 노동을 하다 보면 몸이 성할 수 없었다. 그들은 이곳을 지옥섬이라 불렀고, 이곳은 말 그대로 지옥이었다.

일본 산업혁명 유산의 그늘

2015년 7월 일본의 군함도는 세계문화유산으로 등재되었다. 일본은 여덟 개의 현에 흩어져 있는 23개 산업 시설들을 묶어 세계문화유산 등재를 신청했는데, '메이지 일본의 산업혁명 유산 : 철강·조선·석탄 산업'이 세계문화유산에 등재 신청을 한 공식 명칭이다. 일본이 의도한 것은 비서양권에서 최초로 성공한 산업혁명의 유산임을 인정받아 독일의 졸버레인 광산, 영국의 리버풀 항구와 뉴래너크 방직 공장처럼 그 시대의 기술 업적을 보여 주는 산업유산으로서 세계에 널리 알리고자 한 것이다.

상) 졸버레인 광산
하) 뉴래너크 방직 공장

하지만 군함도를 포함한 일본의 산업유산들은 조선인과 중국인, 그리고 전쟁 포로들이 강제노역을 한 역사의 현장이다. 이러한 역사적 사실을 숨긴 채 성공한 산업혁명의 가치만을 강조하는 일본의 태도에 많은 나라에서 문제를 제기하고 있다.

일본은 강제노역의 문제를 숨기기 위해 세계문화유산의 범위를 1910년으로 한정하는 꼼수를 부렸는데, 그렇게 따지면 군함도에 현재 남아 있는 최초의 아파트(1916년에 지어짐)는 세계문화유산에 포함되지 못한다. 일본의 주장대로라면 방파제 일부와 갱도 입구만이 세계문화유산으로 인정될 수 있다.

게다가 이번 세계문화유산 등재에는 강제징용의 문제만 있는 것이 아니다. 일본의 산업유산들은 모두 전쟁을 위한 산업 시설들로, 사실 따지고 보면 세계대전을 준비하기 위해 마련한 군수시설이다. 하지만 일본은 이러한 어두운 역사는 뒤로 하고, 화려한 산업혁명의 위대함만을 보여 주려고 한다.

이에 유네스코는 세계문화유산 등재와 관련해 "모든 시설의 역사적 사실을 알 수 있도록 하라."고 권고했다. 이에 일본은 한발 물러섰다. 2015년 7월 5일 일본의 산업유산이 조건부로 세계문화유산에 등재될 때 유네스코 일본 대사가 "가옥한 환경에서 강제로 노역을 했다(forced to work)는 것과 일본 정부가 강제노역을 진행했다는 사실을 알릴 수 있도록 조치하겠다."고 말하여 처음으로 국제사회에 강제징용을 인정하는 발언을 한 것이다. 하지만 다음 날 일본의 관방장관은 어제의 발언에서 'forced to work'는 일본이 강제징용을 인정한 것이 아니라 '일하게 되었다'는 의미였다며 이를 번복했다.

일본은 식민지배의 역사에 대해 반성하는 태도를 보여 준 적이 없다. 이번 사건으로 그들은 침략의 역사에 대한 반성보다 메이지 시대의 화려한 성공을 아름답게 포장하면서 침략의 역사까지도 정당화하려는 미성숙한 국가의 모습을 여실히 보여 주었다. 이러한 일본의 태도는 독일과 비교되면서 지구촌 사람들의 조롱거리가 되고 있다.

부끄러운 역사를 유산으로 남긴다

폴란드의 아우슈비츠 수용소는 우리가 잘 알고 있는 세계문화유산이다. 나치 독일이 유대인들을 학살하기 위해 만든 시설로, 이곳에서 600만 명의 유대인들이 살해당했다고 전해진다. 아픈 역사를 간직한 이곳이 1979년 유네스코 세계문화유산에 등재된 이유는 인류의 지속가능한 발전과 세계의 평화를 유지하기 위하여 세계대전과 같이 인류가 범한 부정적 역사도 세계문화유산으로 지정하여 보존하는 것이 필요하다고 판단했기 때문이다.

일본이 모델로 생각하는 독일의 졸버레인 탄광도 세계문화유산으로 등재할 때 산업혁명의 위대한 유산이라는 내용과 함께 나치 독일에 의해 자행된 유대인

아우슈비츠 수용소 입구

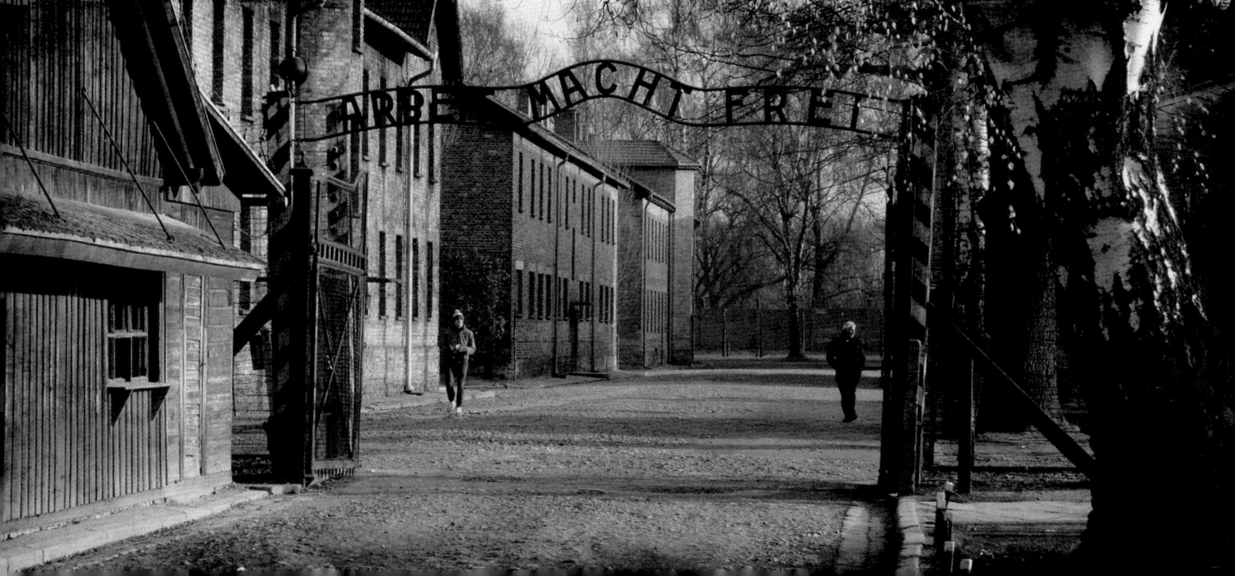

강제징용과 학살의 사실들을 함께 기록에 남겼다. 우리는 독일이 과거 세계대전과 유대인 학살이라는 큰 범죄를 저지른 것에 대해 현재의 그들을 비난하지 않는다. 그들은 과거 독일의 행동을 진심으로 반성하는 모습을 보여 주었고, 부정적 역사를 숨기지 않고 드러내며 다시는 그러한 과오를 범하지 않을 것이라고 다짐했다. 그렇기에 우리는 그들의 진심이 담긴 사과를 믿을 수 있었다.

유네스코가 이러한 부정적 세계문화유산을 등재하는 이유는 이러한 역사적 기록을 통해 과거를 반성하고 미래지향적인 지구촌을 만들어 가기 위함이다. 대한민국을 포함해 일본의 식민지배와 전쟁으로 피해를 입은 국가들이 일본에게 바라는 것은 독일이 했던 것과 같은 진정한 반성과 사과다. 일본이 세계의 강대국으로 인정받기 위해서는 그들의 어두운 과거를 밝히고, 그러한 역사를 다시 반복하지 않겠다는 다짐과 피해 당사국들을 향한 진심 어린 사과를 해야 할 것이다. 우리는 일본을 싫어하지 않는다. 그들의 역사를 정치적 이익을 위해 이용하는 정치인들을 미워하는 것이다. 일본이 진정으로 과거 역사에 대해 사죄하고 그에 맞는 행동을 한다면 지리적으로 가까운 이웃으로서 두 나라는 함께 성장하는 미래를 기대할 수 있을 것이다.

군함도를 기억해야 한다

1945년 8월 6일 히로시마에 원자폭탄이 떨어졌다. 그리고 3일 뒤 군수시설이 밀집되어 있던 나가사키현에도 원자폭탄이 떨어졌다. 이로 인해 나가사키현에 속한 군함도의 탄광은 문을 닫았다. 이후 일본은 패전을 선언했고 조선인들은 지옥섬을 떠날 수 있었다. 하지만 귀국길은 평탄치 않았다. 기록에 의하면 1945년 9월, 군함도에서 조선인을 태운 귀국선이 태풍에 의해 전복되면서 많은 이들이 찬 바다에서 목숨을 잃었다. 결국 군함도에서 살아 돌아온 조선인들은 얼마 되지 않았다.

우리는 이 아픈 역사를 잊어서는 안 될 것이다. 그리고 군함도가 역사의 유산으

로 기록된다면 마땅히 조선인의 삶도 함께 기록되어야 할 것이다. 하지만 일본은 군함도에서 강제노역한 조선인의 흔적을 지움으로써 역사를 왜곡하고 있다. 군함도에서는 패전 이후에도 석탄을 채굴했지만 석유가 보급되면서 경제성이 떨어지는 석탄 산업이 사양길로 접어들자 1974년 1월 15일 폐광되었다. 이후 사람들이 하나둘 떠나기 시작했고, 1974년 4월 20일 모든 사람이 섬을 떠나자 군함도는 무인도가 되었다. 그러다 군함도의 세계문화유산 등재를 추진하기 시작한 2009년, 관광객의 방문이 허용되면서 사람들에게 알려지기 시작했다. 일본은 이곳을 위대한 산업혁명의 유물로 홍보했고, 그 결과 최근에는 연간 10만 명의 관광객이 방문하는 유명 관광지로 거듭났다.

군함도 관광 가이드는 이곳이 일본의 위대한 산업유산이며, 당시 이곳이 경제적으로 풍족하여 전국 각지뿐 아니라 다른 나라에서도 사람들이 일하러 모여들었다고 소개한다. 군함도와 관련된 역사를 모두 알 수 있도록 하라는 유네스코의 권고를 그들은 꼼수를 통해 숨기고 있다. 결국 군함도를 방문한 일본인과 외국인들은 군함도의 아픈 역사를 알 수 없을 것이다.

언젠가 일본의 잘못을 바로잡기 위해, 그리고 우리 선조들의 역사를 후대에 전해 주기 위해 최소한 우리는 그 아픈 역사를 기억해야 할 것이다.

Travel 23

지속 가능한 평화를 꿈꾸는 평화기념관

-일본 히로시마-

허물어져 가는 콘크리트 건물이 보입니다. 뼈대만 남은 아치 모양의 원형 돔이 있는 이 건물의 역사가 궁금합니다. 검은색 울타리가 건물을 감싸고 있다는 것은 특별히 보존 중인 건물이라는 의미일까요?

원형의 모습을 간직하기 위해 노력 중인 이 건물은 일본 히로시마 평화 기념 공원에 있는 히로시마 평화 기념관으로 1945년 8월 6일 히로시마에 원자폭탄을 떨어뜨린 상공 바로 아래입니다. 앙상하게 남은 기념관의 모습은 인류가 창조한 가장 파괴적인 무기가 초래한 참상을 보여 주는 냉혹하면서도 강력한 상징일 뿐만 아니라, 결코 되풀이되어서는 안 될 역사적 비극을 상징합니다. 또한 핵무기의 궁극적인 폐기와 세계 평화에 대한 인류의 희망을 보여 주는 유산입니다.

히로시마 평화 기념 공원은 일본인뿐만 아니라 많은 세계 시민들이 찾는 명소로, 1996년에는 유네스코 지정 세계문화유산으로 등재되었습니다.

히로시마의 두 가지 기억

1945년 8월 15일, 라디오 방송을 타고 긴급 메시지가 일본 전역을 휘감았다. 천황은 일본이 연합국에 '무조건 항복'한다고 선언했다. 원자탄을 실은 전투기가 1945년 8월 6일 히로시마에 한 발, 그리고 3일 뒤 나가사키에 한 발을 투하한 후였다. 인류가 이제까지 경험하지 못했던 가장 강력한 무기가 두 도시를 한순간에 폐허로 만들었다.

일본의 수많은 도시 중 가장 먼저 히로시마에 원자폭탄이 떨어진 이유는 무엇일까? 히로시마는 일본 메이지 정부 때부터 아시아 대륙 침략의 전진기지였다. 특히 1868년 메이지 유신 이후에는 육군의 주요 부대가 히로시마에 배치되었다. 청일전쟁, 러일전쟁, 중일전쟁 등 굵직한 전쟁이 벌어지는 동안 많은 군부대가 히로시마 항을 통해 한반도와 중국 대륙으로 이동했다. 실제로 제1군사령부는 도쿄에, 제2군사령부는 히로시마에 설치될 정도로 히로시마는 일본의 중요한 군사거점 도시였다. 그리고 두 번째 폭탄이 떨어진 나가사키는 군수 공장이 밀집해 있는 군수 도시였다.

1945년 8월 6일 8시 14분, 히로시마에 원자폭탄이 떨어진 결과는 너무나도 참혹했다. 히로시마의 역사는 원자폭탄 투하와 함께 새로운 국면을 맞이했다. 폭탄으로 인해 발생한 구름은 18킬로미터 상공까지 치솟아 올랐고 반경 2킬로미터 이내의 모든 것이 완전히 파괴되었으며 10만 명 이상이 사망했다. 3일 뒤 나가사키에 투하된 원자폭탄은 3만 명 이상의 사람들을 죽음으로 이끌었다. 이후 수십 년간 이어진 방사능에 의한 피폭까지 합치면 그 피해는 측정이 불가능하다. 히로시마와 나가사키의 원폭 투하는 현재까지 인류 역사상 살상 목적으로 핵폭탄이 사용된 최초이자 마지막 사례다.

반전과 반핵, 그리고 세계의 평화를 기원하는 의미로 조성된 평화 기념 공원은 히로시마의 아픈 역사를 대변하는 한편 피폭 당시의 참상을 극복하고 새로운 도시를 설계하고자 하는 의지를 상징하기도 한다.

히로시마 평화 기념 공원을 찾아서

평화 기념 공원이 있는 히로시마

히로시마에 인간이 발명한 가장 파괴적이고 무서운 무기인 원자폭탄이 투하된 이후로 히로시마 평화 기념관은 50년 이상 세계 평화의 가장 강력한 상징이 되어 왔다. 이 건물은 비록 뼈대뿐이기는 하지만, 원자폭탄이 투하된 인근 지역에서 유일하게 형태를 유지했다.

본래 이 건물은 물산 장려관으로 기본적인 건축 형태는 3층의 벽돌 건물이었다. 면적은 약 1,000제곱미터, 높이는 25미터이고, 건물 외벽은 철강과 시멘트로 덮여 있다. 건물의 중앙에는 구리로 덮인 철골의 타원형 돔이 있는데 중앙에 설치된 계단을 통해 올라갈 수 있다. 이곳은 원자폭탄의 폭심지로부터 불과 150미터 떨어진 곳이라서 폭발 당시 지붕과 마루, 2층 이상의 내벽 대부분이 붕괴되었다. 그러나 수직 방향의 충격파를 받았기 때문에 돔 아래 건물의 중심부는 비록 철제 구조물만이긴 해도 형태를 유지할 수 있었다. 물산 장려관의 남쪽에 있던 서양식 정원의 분수도 잔해만이 남아 있다. 이 역시 현재 폭발 직후의 형태를 그대로 보존한 상태다.

히로시마의 도시 재건과 개발이 시작된 후에도 일본 정부는 이 건물을 참상 당시의 상태 그대로 보존하면서 '원폭 돔'이라는 이름까지 붙여 주었다. 이후 히로시마 시의회는 원폭 돔을 영구히 보존해야 한다는 결의문을 채택했다. 원폭 돔이 우뚝 서 있는 히로시마 평화 기념 공원은 1950년부터 15년 동안 설계, 건설되었는데 그 안의 히로시마 평화 기념관은 설계 5년 만인 1955년 문을 열었다. 이 공원에서는 1952년 이후 매년 8월 6일이 되면 히로시마 평화 기념식이 열린다.

반쪽짜리 평화행진

원자폭탄 투하 후 유일하게 형태를 유지한 물산 장려관

히로시마 평화 기념관이 내세우는 핵심적인 역사적 의미는 전쟁의 잔혹함, 원자폭탄으로 인한 엄청난 피해, 평화의 소중함이다. 실제로 기념관 내에는 핵폭탄 기술에 대한 자세한 설명과 핵무기 폐기와 관련된 전시물과 더불어 원폭의 피해 현황 관련 자료와 사진을 중점적으로 배치했다. 또 세계 평화를 바라는 자료들을 통해 다시는 참혹한 전쟁이 일어나지 않았으면 하는 바람을 보여 주고 있다. 기념관은 박물관으로서 국가의 핵심적인 사건을 기억하는 수단이다. 따라서 기념관을 방문하는 사람과 전시된 다양한 유물이 대면할 때 기념관의 공간 구성 목적이 드러나면서 동시에 역사적인 교육이 이뤄져야 한다.

우리가 히로시마 평화 기념관을 볼 때 주의해야 할 부분이 여기에 있다. 그곳에서는 원폭이 터진 이후의 시간만을 조명할 뿐, 원폭이 터지기 전과 원폭이 터질 수밖에 없었던 원인을 알 수 있는 역사적 배경은 배제되어 있다. 평화 기념관은 히로시마라는 장소로 역사적 의미를 한정함으로써 당시 일본 제국주의가 한국을 비롯해 많은 나라에서 벌인 잘못을 외면하고 있다. 즉 원자폭탄이 떨어진 히로시마가 그 당시 일본 제국주의의 중심으로서 군사 도시 역할을 했던 점과 히로시마 원폭의 원인이 된 아시아태평양전쟁과 그로 인해 여러 국가가 씻지 못할 피해를 입은 점을 알리지 않음으로써 침략과 지배의 역사를 감췄다. 때문에 버락 오바마 미국 대통령이 2016년 일본 히로시마를 방문한 사실은 일본 내 군국주의의 부활과 일본이 벌인 전쟁의 역사를 정당화하려는 그 당시 일본 정부의 움직임에 유리하게 작용할 수 있다는 점에서 비판을 받기도 했다.

역사적 사실들 중 어떤 것은 강조되어 공식적이고 일반적인 기억이 되고 어떤 것은 은폐되다가 자연스럽게 소멸된다. 일본은 이러한 사실을 잘 이용하고 있다. 히로시마의 경우도 일본이 원자폭탄 투하로 인한 전쟁의 큰 피해자라는 점을 강조함으로써 그 덕분에 아시아의 많은 국가들이 일본의 침략과 지배로부

히로시마-아우슈비츠
평화행진(1963)

터 해방된 사실이 가려지게 되기를 바라는 것은 아닐까? 히로시마의 기억은 원폭에 대한 피해만을 선택했고 일본이 전쟁 피해자의 입장에서 느낄 수 있는 역사적 내용만으로 기념관을 조성했다. 가해 국가로서의 일본과 피해 국가로서의 일본이 공존하지 않는 점은 실로 아쉬운 부분이다.

조선인 희생자를 기억하다

상) 한국인 위령비
하) 위령비의 유래

제2차 세계대전을 일으킨 전범국가이자 원자폭탄의 피해국가로서의 일본을 기억해야만 감춰진 진정한 피해자가 오롯이 드러난다. 일본 패전 당시 히로시마에는 강제동원 노동자를 포함하여 약 14만 명의 조선인이 거주하고 있었다. 히로시마 평화 기념 공원에는 검은색 대리석 비석이 있다. 이는 한국인 위령비로 앞면에는 한자로 '한국인 원폭 희생자 위령비'라고 새겨져 있고 뒷면에는 한글로 '위령비의 유래'가 적혀 있다. 위령비의 유래는 다음과 같다. "제2차 세계대전이 끝날 무렵 히로시마에는 약 10만 명의 한국인이 군인, 군속, 징용공, 동원학도, 일반시민으로서(강제동원 노동자로서) 살고 있었다. 1945년 8월 6일 원폭투하로 인해 2만여 명의 한국인이 순식간에 소중한 목숨을 빼앗겼다. 히로시마 시민 20만 희생자 수의 1할에 달하는 한국인 희생자 수는 묵과할 수 없는 숫자이다." 한편 한국인 희생자 위령제는 1970년 일본 원자폭탄 평화기념식 전날인 8월 5일에 처음으로 이 비석 앞에서 열린 이후 매년 계속되고 있다.

우리는 일제강점기 식민지배에 대한 피해와 원자폭탄으로 인한 신체적, 정신적 피해가 당시 그곳의 조선인들에게 엄청난 일이었음을 기

억해야 한다. 또한 낯선 일본 땅에서 이름도 없이 죽어간 조선인이 있다는 사실도 기억해야만 한다. 우리는 국가 경계를 안과 밖으로 구분하여 선택적으로 기억하려는 일본의 역사적 과오를 넘어 어디서든 역사는 살아 숨 쉰다는 것과 그것을 기억하려는 실천을 계속해야 한다는 것을 유념해야 할 것이다.

지속가능한 평화를 그리다

원자폭탄 피해의 역사적 아픔을 간직한 채로 1994년 일본 히로시마에서는 아시안 게임이 개최되었다. 당시 아시안 게임에 참가한 각 나라의 운영진과 선수들은 일본의 주최로 평화 기념관을 방문했다. 또한 평화의 상징이라는 의미를 강조하며 아시안 게임 마라톤 남녀 결승점을 이곳으로 정하기도 했다. 하지만 일본의 이러한 선택은 당시 대회를 전후로 논란에 휘말리기도 했다.

원자폭탄의 버섯구름을 형상화한 이미지로 전쟁 참상의 극복과 평화를 상징

역사적 이중성을 지닌 히로시마는 현재 '평화 도시'로 거듭나고 있다. 그 과정은 '전쟁, 피폭, 재건, 평화'로 이어졌고, 현재는 평화 기념관과 평화 기념 공원의 조성과 유지에 큰 힘을 쓰고 있다. 실제로 히로시마는 '히로시마 평화 기념 도시 건설법'에 의거해 중앙 정부로부터 자금 지원, 국유지 제공 등으로 폐허가 된 히로시마에 '평화'라는 새로운 정체성을 입히고 있다. '평화 도시' 히로시마의 중심은 단연 평화 기념 공원이다.

성찰은 인간이 자신의 의식의 진행 과정과 결과를 되돌아보는 것이다. 자신과 주변을 돌아보면서 장소에 마음을 새기는 것은 여행이라는 수단을 통해 구체화할 수 있다. 히로시마는 과거의 어두운 역사와 평화의 미래가 공존하는 곳이다. 히로시마를 찾는 여행객들은 히로시마가 가지는 내면의 역사를 객관적으로 성찰하면서 자신의 상황뿐만 아니라 주변 세계가 나아가야 할 올바른 방향을 깨달을 수 있을 것이다.

Travel 24

영원한 반성과 참회, 추모가 깃들다

-폴란드 아우슈비츠-

건물 앞을 가로막은 날카로운 철조망과 바닥에 쌓인 차가운 눈까지 더해져 사진 속 풍경은 스산한 기분마저 듭니다. 이곳은 유대인 학살의 비극이 깃든 아우슈비츠 수용소입니다.

'아우슈비츠'에 대해서는 누구나 한 번쯤 들어본 적이 있을 겁니다. 익히 알고 있듯이 이곳은 나치스가 유대인을 수용하고 학살했던 곳입니다. 유대인을 학살한 수용소는 유럽 곳곳에 있었는데 그중 아우슈비츠는 가장 악명이 높았습니다.

나치스는 왜 유대인을 죽이려고 했을까요? 나치스가 가지고 있던 유대인에 대한 감정은 우리 사회에 존재하는 소수자에 대한 혐오와 크게 다르지 않습니다. '홀로코스트'에 깔린 사회적 약자에 대한 혐오와 인종 차별적 이데올로기를 통해 우리 사회에 흐르고 있는 혐오의 구조를 반성해 보면 좋겠습니다.

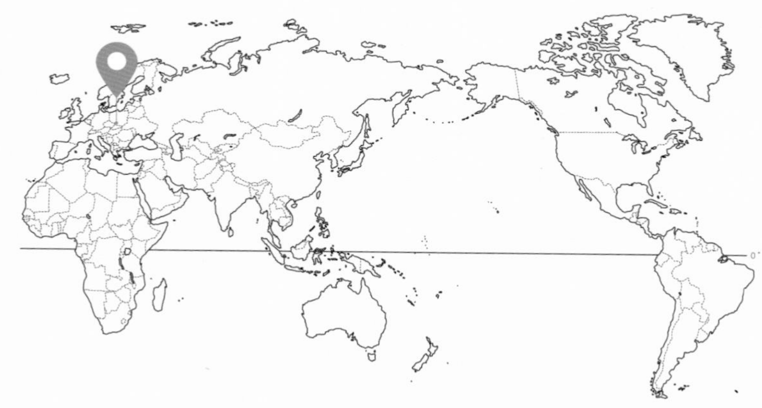

홀로코스트 : 나치스는 왜 유대인을 죽였나?

홀로코스트•는 제2차 세계대전 중 아돌프 히틀러가 이끈 나치당(이하 나치스)이 독일 제국과 독일군이 점령한 유럽에서 계획적으로 유대인과 슬라브족, 집시, 동성애자, 장애인, 정치범 등 약 1,100만 명의 민간인과 전쟁포로를 학살한 사건이다.

• 홀로코스트(Holocaust)는 그리스어 holos(전체)와 kaustos(타다)에서 유래했다.

홀로코스트는 철저히 계획에 의해 실행된 1,100만 명이 넘는 무고한 사람들에 대한 대량학살이었다. 유대인들을 '사회적 기생충'이자 척결의 대상으로만 여겼던 인종 차별적 이데올로기에 사로잡힌 나치스는 상상할 수 없는 규모의 민족 말살을 실행에 옮겼다. 남녀노소를 막론하고 심지어는 갓난아기까지 유럽의 모든 유대인을 제거하기로 한 것이다. 이렇게 국가가 지도자의 권한으로 노인, 여자, 유아를 포함한 특정 인간 집단을 속전속결로 죽일 것을 공포하고 이를 모든 국가 권력을 동원해 실행한 유례는 홀로코스트 이전에도 그리고 이후에도 없었다. 지금으로서는 도저히 이해가 불가능한 홀로코스트를 이해하려면 먼저 나치스의 계획을 추진할 수 있게 해 준 이론적 기반을 이해하는 것이 중요하다.

아돌프 히틀러

2005년에 설립된 '홀로코스트 메모리얼'

나치스의 인종 차별주의 이데올로기

나치당의 총수인 아돌프 히틀러는 '나치 이데올로기'라 하는 사상을 형성했다. 그는 사람의 성격, 태도, 능력과 행동 양식이 그 사람의 소위 인종적 구성에 따라 결정된다고 믿었다. 히틀러와 나치스는 19세기 말 독일의 사회적 다윈주의자들의 진화설을 이용했다. 사회적 다윈주의자들과 마찬가지로 나치스는 인류가 인종이라는 단위로 분류될 수 있으며 각 인종은 인류가 처음 출현한 선사시대로부터 유전적 과정을 통해 독특한 특성을 후대에 유전시킨다고 믿었다. 그리고 이러한 유전적 특성은 단지 외형이나 신체적 특성뿐 아니라 정신, 사고방식, 창조성과 조직 능력, 지적 능력, 문화에 대한 취향과 인식, 육체적 강인성 그리고 군사적 용맹성까지도 지배한다고 보았다.

인종을 정의하기 위하여 사회적 다윈주의자들은 각 인종의 용모, 행동 및 문화에 대한 긍정적, 부정적 고정관념 모두가 불변한다고 주장했고, 인종은 환경과 지적 발달, 사회적 변화에 영향을 받지 않으며 생물학적 유전에 뿌리를 두어 시종일관 변하지 않는다고 보았다. 따라서 나치스는 한 인종의 구성원이 다른 문화나 인종에 동화되는 것은 유전의 법칙에 어긋나는 것이며 따라서 불가능한 것으로 보았다. 나치스는 소위 말하는 인종 혼합(Race-Mixing)의 결과는 인종의 퇴보뿐이라고 했다.

잘난 인종, 못난 인종 따로 있다?

나치스는 또한 모든 인종은 동등하지 않고 각 인종 간에는 질적인 서열이 존재한다고 믿었다. 그 믿음 속에 독일인은 우수한 인종인 소위 '아리아인'에 속했다. 그리고 이러한 생물학적 속성상 독일인들은 동부 유럽 전체를 아우르는 광대한 제국을 건설해야 할 운명을 타고났다고 역설했다.

나치스에 의하면 아리아인의 인종적 순수성 유지는 매우 중요한 일이었다. 왜

냐하면 다른 인종과의 혼혈은 우수한 아리아인을 야만적 퇴보로 이끄는 길이며 인종 고유의 특수성을 흐리는 일이기 때문이다. 나치스는 나아가 순수성을 잃은 인종은 자신을 방어할 능력을 잃고 멸종된다고 보았다.

나치스는 독일 아리아인이 나머지 인종들을 지배하는 것이 타당하다고 믿었고 이 잘못된 신념을 실행에 옮겼다. 나치스는 우수한 인종에게는 살아남을 권리뿐 아니라 열등한 인종을 정복하거나 심지어는 멸종시킬 권리까지도 있다고 믿었다.

히틀러는 독일 아리아인이 내외적 멸종 위협에 시달리고 있다고 경고하며 독일 내부의 여론을 선동했다. 내부적 위협이란 아리아인 혈통의 독일인과 유전적으로 열등한 인종 간의 결혼이었다. 유전적으로 열등한 인종이란 유대인, 로마인, 아프리카인 그리고 슬라브인이었다. 이들과의 결혼으로 태어난 자손은 독일 혈통의 우수성을 희석하고 다른 인종에 대항하는 생존 경쟁력을 떨어뜨리는 것이라고 주장했다.

나치스의 인종 이데올로기는 유대인을 제1차 적으로, 집시, 장애인, 동성연애자, 폴란드인, 소련 전쟁 포로 그리고 아프리카계 독일인은 제2차 적으로 간주하여 탄압했다.

차별은 혐오로 이어진다

나치스의 유대인 학살은 히틀러 한 사람만의 범죄가 아닌 인종 차별주의에 동조하는 독일 사회에 책임이 있었다. 히틀러와 나치스는 아리아인과 구별되는 다른 인종들을 명확하고 차별적인 용어를 사용하여 혐오 대상으로 규정했다. 히틀러와 나치스에게 있어 유대인은 독일 내부 및 외부 모두에서 가장 혐오하는 대상이었다.

사실 유대인에 대한 사회적 차별은 나치스가 권력을 장악하기 전부터 존재해 왔다. 나치스는 그러한 바탕 위에서 '유대인 배제를 위한' 체계적인 시스템을 단계적으로 만들어 나갔다. 1935년에는 다양한 인종차별법들의 제정이 추진되었다. 히틀러가 직접 명령해 제정했다고 하는 이 법안들을 통틀어 '뉘른베르크 법안'이라고 한다. 그 첫 번째는 '독일인의 명예와 혈통 보존법'으로 독일인과 비아리아인 간의 결혼을 금지하고 이미 한 결혼도 무효로 하며 만남과 친분도 금지한다는 내용을 담고 있다. 이어서 비아리아인의 시민권을 박탈하는 내용의 법도 제정되었다. 그에 따라 유대인의 재산을 강제로 몰수했고, 독일을 '유대인 없는 나라', '순수 아리아 혈통으로만 구성된 나라'로 만들자는 국가적 이상을 실현하기 위한 다양한 제도를 시행했다. 1935년 9월 뉘른베르크 법안이 발효되면서 독일 내 유대인들은 공식적으로 시민권을 박탈당했고, '사회적 병균' 더 심하게 말하면 유럽 사회에서 박멸해야 할 '사회적 기생충'으로 지정되었다.
최고 인종의 번성을 장려하기 위해 인종을 분리하고 열등한 인종의 생식을 막고자 하는 정부의 개입, 독일의 번성을 위한 전쟁 준비는 히틀러에게 당연한 일이었다. 시간이 지나면서 독일인들 사이에도 우월적인 인종 의식이 자연스럽게 퍼져 나갔다. 더불어 열등한 유대인들이 의회 민주주의, 국제 공조 협약, 계층 투쟁과 같은 방법으로 독일을 탄압하고 경제적인 이익을 가로챈다는 인식이 자리 잡기 시작했다. 그 결과 독일인들은 유대인에 대한 차별을 용인하기 시작했고 그에 따른 폭력을 정당화했다.

아우슈비츠: 죽음의 수용소

나치스는 1939년 폴란드 침공 이후 동유럽 여러 곳에 게토를 만들고 유럽 전역에 퍼져 있던 유대인들을 이곳에 격리했다. 하지만 나치스의 영향권이 확대되어 격리해야 하는 유대인들의 수가 엄청나게 늘어나자 이들을 효율적으로 처리할 방안을 모색해야 했다. 나치스에게 유대인은 고쳐야 할 질병이었고 외과적 수술을 통해 도려내야만 하는 기생충과 같은 존재였다.
"그러므로 게토를 관리하는 일은 인도적 과업이 아니라 외과적 과업이다. 이제

우리는 우리의 일부를 잘라내는, 그것도 근본적으로 잘라내는 일을 해야 한다. 그렇지 않으면 유럽 전체가 유대인이라는 질병을 앓게 될 것이다."

- 나치스의 선전장관 괴벨스의 일기 중 -

나치스가 선택한 최종해결책은 게토에 격리되었던 유대인을 화물열차를 태워 동유럽 곳곳의 가스수용소로 강제 이동하는 것이었다. 수용소에 도착하기 전 이미 화물열차에서 많은 사람이 죽었다. 열차 속에서 갈증과 배고픔, 추위로부터 어렵게 살아남은 이들 역시 이내 차례로 가스실에서 죽음을 맞이했다.

나치스는 가스수용소가 만들어지기 전에는 유대인을 총살해서 구덩이에 파묻거나 강변에 세워 두고 총살하는 방식으로 학살을 자행했다. 예를 들어 1941년 우크라이나 수도 키예프 인근 바비야르 계곡에서는 3만 명 이상의 유대인들이 학살되었다. 그리고 헝가리 다뉴브강에서는 유대인들을 강변 옆에 세우고 신발을 벗게 한 다음 그 자리에서 총살하여 강을 온통 핏빛으로 물들였다. 현재 다뉴브강에 가면 과거의 슬픔과 잘못된 역사의식을 반성할 수 있는 추모 조형물들이 조성되어 있다. 유대인들이 벗어 두었던 신발을 그대로 재현한 조형물에는 늘 희생자들을 추모하는 꽃이 놓여 있다.

다뉴브강 옆에 놓인 신발 조형물

아우슈비츠는 1939년 9월 독일이 폴란드를 침공한 후 '오시비엥침'이라는 폴란드 지역에 붙인 독일식 이름이다. 애초에는 폴란드인 학살을 위

상) 아우슈비츠로 유대인을 실어 날랐던 화물열차
하) 유대인이 강제 격리되었던 아우슈비츠 수용소

한 장소였으나 시간이 흐르면서 유럽 각국의 유대인, 집시, 소련군 포로들이 이곳으로 이송되기 시작했다. 오시비엥침은 철도 교통의 중심지였기 때문에 유럽 각지에서 열등한 인종을 수송하기가 편리했다.

1941년 9월에 증설된 아우슈비츠 제2수용소의 다른 이름은 비르케나우 수용소인데 이곳에는 대량학살과 시체 처리를 위한 거대한 소각로까지 있었다. 특히 이곳에서는 독일의 데게슈 사가 발명한 '치클론B' 가스를 통한 가스실 학살 실험에 성공하기도 했다. 1944년 8월 그 소각로는 하루에 2만 4,000명의 시체를 소각했다.

이곳에는 다섯 개의 가스실과 소각로, 그리고 철로와 승차장이 있었다. 유대인들 대부분은 이곳에 도착하자마자 바로 가스실로 보내져 한 줄 기록도 없이 죽었다. 화물열차에 실려 아우슈비츠에 도착한 이들 중 노동에 적합하지 않다고 판단된 70~80퍼센트는 비르케나우 수용소로 이동한다. 수용소에 도착한 유대인들은 옷을 모두 벗어 두고 귀중품을 보관소에 맡긴 후 샤워실이라는 간판이 붙은 가스실로 보내진다. 마침내 샤워실 문이 잠기고 천장의 샤워 꼭지들에서 물 대신 치클론B 가스가 새어 나온다. 가장 약한 사람들이 맨 아래쪽에 깔리고 가장 힘센 사람들이 꼭대기에 올라 차곡차곡 쌓인 채로 모두 사망할 때까지는 불과 15~20분 정도 걸린다. 모두 사망한 것이 확인되면 시체들을 끌어내어 금니와 머리카락을 뽑고 수레에 실어 소각로로 운반한다.

『이것이 인간인가』는 아우슈비츠 강제수용소에서 살아남은 유대인 '프리모 레

비'의 증언이다. 그는 아우슈비츠 제3수용소에서 보낸 10개월 동안의 경험과 수용소 안의 다양한 인간상을 이 책에 사실적으로 묘사했다. 우리는 그가 수용소에서 느꼈던 극한의 공포와 절제된 슬픔을 글을 통해 간접적으로나마 느낄 수 있으며 동시에 우리의 평범한 일상에 감사할 수밖에 없다.

아우슈비츠 제2수용소

대한민국은 차별과 혐오가 없는 나라인가

대한민국은 이미 다문화 사회로 진입했다. 다큐멘터리 〈여정〉에서는 한 이주노동자가 이주노동자들의 인권을 보장하라며 집회 현장에서 이렇게 말한다. "한국 사람 피도 빨갛고 외국인 노동자 피도 빨갛다. 이 세상 모든 사람 피는 똑같다. 모두 빨갛다."

또다른 다큐멘터리 〈계속된다〉를 보면 방글라데시, 몽골, 미얀마 등지에서 온 이주노동자들이 한국에서 겪었던 차별과 모욕에 대해 털어놓는 장면이 나온다. 그들은 한국인들은 이주노동자들에게 시도 때도 없이 "가, 가, 너희 나라로 돌아가!"라며 손가락질하고 아무렇지 않게 반말과 욕을 한다고 이야기한다. 이러한 행동은 모두 사회적 약자에 대한 폭력이다. 한국 사회에서 모든 이주민을 혐오하고 차별하는 건 아니다. 부유한 선진국에서 온 사람들에게는 매우 우호적이다. 가난한 개발도상국에서 온 사람이라고 깔보고 우월감을 느끼는 것은 우리가 인식하지 못하는 인종 차별적 모습이 아닐까.

이주민에 대한 혐오와 차별은 사회가 보수화되고 경제 상황이 악화될 때 더 노골적으로 나타난다. 이주노동자들이 한국인의 일자리를 빼앗고 있다거나 이주민이 많이 사는 지역은 범죄가 자주 발생하여 땅값이 떨어진다는 이야기를 들어 본 적이 있는가? 사회에 대한 분노를 사회적 약자를 혐오하고 그들에게 감정적으로 분풀이하는 것으로 풀어내는 것이 아닌지 생각해 봐야 한다. 사회를 바꾸기는 너무 어렵고 사회에 대한 나의 분노는 당장 해소되어야 하니 즉각적으로 책임을 전가할 희생양을 찾아낸 것은 아닐까?

혐오 심리란 타인을 나와 차별하고 싶은 마음이다. 혐오와 같은 뿌리 깊은 편견은 책임을 떠넘길 수 있고 나의 편견을 정당화할 수 있는 희생양을 만든다. 혐오는 본질적으로 사회 구조적 모순과 불평등으로 인한 사회 불안을 특정 소수 집단의 탓으로 돌린다. 내가 속한 '우리'와 다르기 때문에 가장 손쉽게 비난의 화살을 돌릴 수 있는 대상이 바로 사회적 약자들이다. 홀로코스트 희생자들 역시 이런 편견의 희생양이었다.

제2차 세계대전 당시 나치스의 혐오 대상에는 유대인뿐 아니라 장애인, 노숙인, 집시, 동성애자도 포함돼 있었다. 사회적 약자를 향한 혐오는 시대와 국가를 구분하지 않는다. 최근 한국 사회에서는 이제까지 주로 성 소수자들을 겨냥하던 혐오 공격이 여성, 장애인에게까지 퍼지고 있다. 그들은 사회적 약자가 요구하는 평등 때문에 다수의 국민이 피해를 입는다는 역차별론을 펼치며 억울함을 주장한다. 이런 혐오의 바탕이 되는 주장들을 방치하는 순간, 우리는 자신도 모르는 사이에 사회적 약자에게 혐오를 드러내고 상처를 입히는 가해자 또는 공범자가 될 수 있다.

한 사회의 인권 지수와 민주주의를 판단할 수 있는 근거가 바로 사회적 약자에 대한 태도다. 이들이 배척되는 사회에서는 어느 누구도 자유롭거나 안전하지 않다. 차별의 논리는 대상을 바꿔 가며 확장된다. 어떤 대상을 차별해도 된다고 합리화했던 논리는 다른 상황에서 다른 대상에게도 동일하게 적용된다.

인간은 쉽게 편을 나누고 배척한다. 별다른 근거 없이 우리 가족, 학교, 직장, 국가, 민족 등 내가 속한 집단의 사람들이 도덕적으로나 성격적으로나 능력적으로나 나와 상관없는 다른 집단의 사람보다 '우월'하다고 생각하는 현상은 동서고금을 막론하고 대부분 사회에 만연하다. 사람이 바뀌는 것은 쉽지 않다. 하지만 혐오하는 대상에 대한 생각과 태도를 혼자 속으로 간직할지 아니면 밖으로 드러낼지 결정하는 것은 사회적 분위기에 의해 달라질 수 있다. 인간은 사회적 동물이기 때문에 내가 속한 무리에 의해 중요한 도덕, 가치 판단이 달라진다. 사람을 '벌레'로 만드는 혐오 발언을 아무렇지 않게 사용하는 사회적 분위기는 곧 그 대상을 아무 죄책감 없이 탄압하고 처단할 원동력이 되어 주기 때문이다.

차별 대상에게 권력을 사용해 우월한 위치를 선점하려는 마음이 잘못된 것이라는 생각, 즉 윤리의식이 중요하다. 타인과 내가 다르지 않다는 공감 능력 역시 중요하다. 혐오에 물들지 않으려면 인권 의식과 젠더 감수성, 그리고 타인에 대한 공감 능력을 길러야 한다. '공감한다'는 것은 단지 머리로 생각하는 것과는 차원이 다르다. '공감'은 '동정'이 아니다. 동정은 동정하는 사람과 동정받는 사람 간에 위계가 존재한다. 그러나 공감은 내가 너보다 더 우월하다는 의식을 버리고 동등하게 서로를 대하는 것이다. 공감은 소통이고 타인에 대한 존중이며 인간에 대한 예의다.

혐오를 근절하기 위한 근본적인 인식 변화와 더불어 어떤 인권 침해나 학대도 '사소한' 것으로 과소평가하지 않아야 한다. 인권에 대한 감수성은 더욱 예민해져야 한다. 미국에서 시행된 한 조사에 따르면 학교에서 언어적 괴롭힘 등을 겪은 이후 이를 애써 '별거 아닌 일'로 생각한 학생들이 이후 괴롭힘의 가해자가 되는 경우가 적지 않았다. 분명 누군가가 불편해 하는 일을 '별거 아니니까, 그냥 장난이니까'라고 안일하게 넘길 때 그 사회는 가해자의 편에서 동조하는 셈이 된다. 혐오를 혐오로 인식하고 적극적으로 대응하는 작은 행동들이 혐오가 만연한 사회와 그렇지 않은 사회의 차이를 만든다.

주석

인간의 인내로 만들어 낸 와인 - 스페인 카나리아 제도

1) 최영수 외, 『와인에 담긴 역사와 문화』, 북코리아, 2005

2) 위키백과

3) 안드레아 울프, 『자연의 발명-잊혀진 영웅 알렉산더 폰 훔볼트』, 생각의힘, 2016

서로 다른 운명을 걷는 코끼리 - 아프리카와 아시아

1) 김소순, 조철기, 2010

올리브, 지중해를 지키는 건강한 보물 - 지중해 연안

1) 권혁재, 『자연지리학』, 법문사, p207, 2011

냉대 기후에 적응한 숲과 사람들 - 타이가 지대

1) 김철환, 「유럽 펄프제지산업 동향, 세계 농식품산업 동향」, 한국농촌경제연구원, 2014. Data: Swedish Forest Industries Federation, PPI, CEPI, FAO, National Associations, 2012

일생에 한 번은 스님이 되는 나라 - 태국

1) KBS 〈특파원리포트 - 군대 안 가는 태국 남자들, 왜 승려는 되려고 할까?〉, 2018. 10. 21

기차역의 도시 재생 - 프랑스 파리

1) https://artsandculture.google.com(https://g.co/arts/t5upMurDAu5njKci7 에서 발췌

버스로 이룬 세계적 환경 도시 - 브라질 쿠리치바

1) https://ko.wikipedia.org/wiki/간선급행버스체계

2) https://en.wikipedia.org/wiki/Curitiba#Urban_planning

3) https://pt.wikipedia.org/wiki/Rede_Integrada_de_Transporte

4) http://www.ufnews.co.kr/detail_20181113.php?wr_id=4926

5) http://www.ufnews.co.kr/detail_20181113.php?wr_id=4926

6) 대구광역시 창의 도시재생지원센터

7) https://pt.wikipedia.org/wiki/Farol_do_Saber

8) https://www.curitiba.pr.gov.br/

하늘과 맞닿은 공중 도시 -페루 마추픽추-

1) 『지리 교사들, 남미와 만나다』와 우르밤바 계곡 여행지도 다수에 기록되어 있다.

2) 네이버 지식백과와 위키백과, 유네스코와 유산에 기록되어 있다.

커피에 관한 몇 가지 이야기 - 에티오피아

1) 농촌경제연구원, 2018

2) https://www.beveragenews.co.kr/news_coffee/1877

3) http://piogastrobistro.com/pratikbilgiler/arabica-versus-robusta/

4) http://baristarules.maeil.com/blog/2551/

5) ICO

6) https://www.starbucks.co.kr/responsibility/fair_trade.do

7) https://www.hankookilbo.com/News/Read/201908131621031135

8) https://learnjoy.tistory.com/48

9) 위키백과

10) https://coffeexplorer.com/14

11) http://www.ohmynews.com/NWS_Web/View/at_pg.aspx?CNTN_CD=A0002301290

12) https://catchmind-10.tistory.com/110

13) https://www.kriss.re.kr/standard/krisstory_view.do?seq=2377

참고 문헌

혹한의 초원에서 살아가는 법 - 몽골

앨런 샌더스, 『세계 문화여행 몽골』, 시그마북스, 2017

서준, 『아시아 대평원』, MID, 2013

이우평, 『모자이크 세계지리』, 현암사, 2013

김형준, 「몽골 전통주거 게르의 공간구조와 의미에 관한 연구」, 『대한건축학회연합논문집』 제14권 2호, 2012

인간의 인내로 만들어 낸 와인 - 스페인 카나리아 제도

최영수 외, 『와인에 담긴 역사와 문화』, 북코리아, 2005

안드레아 울프, 『자연의 발명-잊혀진 영웅 알렉산더 폰 훔볼트』, 생각의힘, 2016

서로 다른 운명을 걷는 코끼리 - 아프리카와 아시아

G.A.브래드쇼, 『코끼리는 아프다 : 인간보다 더 인간적인 코끼리에 대한 친밀한 관찰』, 현암사, 2011

최형선, 『낙타는 왜 사막으로 갔을까 : 살아남은 동물들의 비밀』, 부키, 2011

전국지리교사연합회, 『살아있는 지리 교과서 1, 2』, 휴머니스트, 2011

송명주, 「한국과 프랑스 학생들 간의 아프리카에 관한 스테레오타입 차이 연구」, 서울대학교 대학원 사회교육과 지리전공 석사학위 논문, 2014

조철기 · 김소순, 「중학교 사회 교과서에 나타난 이데올로기 및 편견 분석 -서남아시아 및 아프리카 단원을 중심으로」, 『중등교육연구』, vol.58 no.3, 2010, pp. 87~112

〈해리의 "태국 이야기"(18), 태국 야생 코끼리의 수난과 인간과의 갈등〉, 《뉴스케이 ; 세계한인뉴스》, 2018. 8. 4

〈왜 아프리카코끼리는 천덕꾸러기 신세가 됐을까?〉, 《한겨레》, 2008. 3. 28

올리브, 지중해를 지키는 건강한 보물 - 지중해 연안

권혁재, 『자연지리학』, 법문사, 2016

권영민, 『놀라운 올리브의 효능』, 북셀프, 2014

임승필 요셉 신부, 〈성서의 세계: 올리브나무와 기름〉, 『경향잡지』, 2000년 9월호

허영엽 신부, 〈성경 속 상징(74) - 올리브 기름 - 하느님 생명의 축복과 풍요〉, 《가톨릭 평화신문》, 2010. 1. 17

〈하느님의 집에 있는 무성한 올리브나무〉, https://wol.jw.org/ko/wol/d/r8/lp-ko/2000365#h=1

〈올리브 OLIVE〉, 『헬스 조선』, 2016. 9. 6

냉대 기후에 적응한 숲과 사람들 - 타이가 지대

데럴 헤스 · 맥나이트, 윤순옥 등 역, 『McKnight의 자연지리학(Hess, D. & McKnight, T. L., *McKnight's Physical Geography: A Landscape Appreciation*, Twelfth Edition, Pearson, 2017)』, 시그마프레스, 2019

이승호, 『기후학』, 푸른길, 2012

로르 셰메리, 전혜영 역, 『세계의 기후 지도(Laure Chemery, *Petit atlas des climats* - Nouvelle édition, LAROUSSE, 2009)』, 현실문화연구, 2011

Hari, P. & Kulmala, L. (Eds.), Boreal forest and climate change, Advances in Global Change Research 34, Springer, 2008

김철환, 「유럽 펄프제지산업 동향, 세계 농식품산업 동향」, 한국농촌경제연구원, 2014

Simmon, S., Introduction to BOREAS, NASA [Article], Retrieved from https://earthobservatory.nasa.gov/features/BOREASAlbedo, 1999

Lindsey, The Migrating Boreal Forest, NASA [Article], Retrieved from https://earthobservatory.nasa.gov/features/BorealMigration/boreal_migration.php, 2002

NORWAY - FORESTS AND FORESTRY(http://www.borealforest.org/world/world_norway.htm)

Brice Portolano, 'Growing up in -60C' ,BBC News, Retrieved from https://www.bbc.com/news/in-pictures-41914876, 2017. 11. 1

한국지리정보연구회, 『자연지리학 사전』, 한울아카데미, 2004

말, 돌, 그리고 오름 - 대한민국 제주도

박기화 외, 『제주도 지질 여행』, 제주발전연구원, 2003

강만익, 『한라산의 목축생활사』, 제주특별자치도 세계유산본부, 2017

이우평, 『한국 지형 산책 2』, 푸른숲, 2007

제주도세계지질공원(https://www.jeju.go.kr/geopark/intro/sanbangsan/acavalue.htm)

요정의 숲 - 터키 카파도키아

박정은, 「자연과 인간이 함께 만들어낸 동굴 도시 괴뢰메(Greme)」, 『국토』 제4호, 국토연구원, 2010, pp.70~75

박종일, 「터키 기행문」, 『설비저널』 제32권 4호, 대한설비공학회, 2003, pp.43~47

한국민속대백과사전(http://folkency.nfm.go.kr/kr/main)

메사와 뷰트의 땅 - 미국 모뉴먼트밸리

마이클 브라이트, 이경아 역, 『죽기 전에 꼭 봐야 할 자연 절경 1001』, 마로니에북스, 2008

이광률, 『이미지로 이해하는 지형학』, 기디언북, 2020

이명준 · 배정한, 「서부 영화에서 황야의 재현에 대한 미학적 해석」, 『한국조경학회지』 제41권 제2호, 한국조경학회, pp. 1~10

미국 공식 여행 웹사이트(https://www.gousa.or.kr)

위키백과(https://ko.wikipedia.org)

아프리카가 품은 장엄한 물보라 - 모시오아툰야(빅토리아 폭포)

Avijit Gupta (Eds), *Large Rivers Geomorphology and Management*, John Wiley & Sons, Ltd, 2007

권동희, 『여행의 지리학』, 황금비율, 2018

전준호, 〈전준호의 실크로드 천일야화: 물없는 빅토리아폭포 감상법〉, 《한국일보》, 2020. 2. 14, Retrieved from https://www.hankookilbo.com/News/Read/202002131125044831

박준, 〈잠비아서 만난 리빙스턴과 빅토리아 시대〉, 『주간 조선』, 2020. 1. 20, Retrieved from http://weekly.chosun.com/client/news/viw.asp?ctcd=C09&nNewsNumb=002592100017

이영민, 『지리학자의 인문여행』, 아날로그, 2019

The World Factbook, https://www.cia.gov/library/publications/the-world-factbook/geos/xx.html

Dan Lior, 〈Zambezi - Children of the river〉, Retrieved from https://vimeo.com/danlior, 2018

장 졸리, 이진홍 · 성일권 역, 『지도로 보는 아프리카 역사(*L'Afrique et son environnement europeen et asiatique, Paris Mediterra*, 2005)』, 시대의창, 2016

채경석, 『아프리카, 낯선 행성으로의 여행』, 계란후라이, 2014

윤상욱, 『아프리카에는 아프리카가 없다』, 시공사, 2012

윤준성 · 박예원, 『동 · 남아프리카 여행백서 : 세렝게티 국립공원부터 케이프타운까지』, 나무자전거, 2014

Africa Explore Safaris, The Creation and Geology of Victoria Falls[Blog], Retrieved from https://www.africaexploresafaris.com/the-creation-and-geology-of-victoria-falls/

빨간 열정의 축제 '라 토마티나' - 스페인 부뇰

박찬영 외, 『세계지리를 보다 2』, 리베르, 2014

성정원, 『경제를 읽는 쿨한 지리이야기』, 맘에드림, 2019

겨울 축제의 정수 '빙등제' - 중국 하얼빈

성욱, 「중국 하얼빈 국제 빙등제 활성화 방안에 관한 연구」, 한국외국어대학교 석사학위논문, 2019

유순희, 『안중근, 하얼빈에 뜬 평화의 별』, 개암나무, 2015

허용선, 「캐나다 퀘벡 윈터 카니발과 중국 하얼빈 빙등제」, 『도시문제』 제49권, 대한지방행정공제회, 2014, pp. 52~57

일생에 한 번은 스님이 되는 나라 - 태국

전국지리교사연합회, 『살아있는 지리 교과서 1, 2』, 휴머니스트, 2011

전국지리교사모임, 『세계지리, 세상과 통하다 1, 2』, 사계절, 2017

전종한 · 김영래 · 노재윤 · 장의선 · 천종호 · 최재영 · 한희경 · 홍철희, 『세계지리-경계에서 권역을 보다』, 사회평론아카데미, 2017

테리 조든-비치코프, 『세계문화지리』, 살림, 2002

제임스 루벤스타인, 『현대 인문지리학』, 시그마프레스, 2012

〈군대 안 가는 태국 남자들, 왜 승려는 되려고 할까?〉, 《KBS 특파원리포트》, 2018. 10. 21

김영애, 〈생활종교로서의 동남아 불교/[특집]동남아 불교의 힘을 말한다〉, 『불교평론』 제33호, 2017

송위지, 〈동남아시아불교 집중 탐구/[특집]라오스불교의 특성- 라오스불교의 역사와 현황〉, 『불교평론』 제69호, 2017

황보근영 뿌리넷 (http://www.korearoot.net/sansa/source/me1/1.htm)

기차역의 도시 재생 - 프랑스 파리

https://g.co/arts/t5upMurDAu5njKci7

붉은 빛깔 홍차의 나라 - 인도

강승희, 「홍차의 기원에 관한 연구」, 원광대학교 박사학위논문, 2010

문기영, 『세상에서 가장 매혹적인 레드 홍차수업』, 글항아리, 2019

손연숙, 「인도 홍차 탄생의 상황적 배경과 성립과정에 관한 연구」, 『차문화 산업학』 제43권, 차문화 산업학회, 2019, pp. 1~24

외교부, 〈인도개황〉, 2015

전정애, 「인도 차산업의 형성과 발전 연구」, 『차문화 산업학』 제38권, 국제차문화학회, 2017, pp. 159~174

BBC, 'Inside the Tea Gardens of Assam(The working conditions for tea workers in the tea plantations of Assam.)', 2015. 9. 24, https://www.bbc.co.uk/programmes/p032shxl

오스트레일리아의 랜드마크를 가다 - 오스트레일리아 시드니

www.sydney.com

사람을 생각하는 고대 도시 - 이탈리아 폼페이

EBS 다큐프라임 「[위대한 로마] 제국의 도시 - 폼페이」

위키백과(https://ko.wikipedia.org

남영우, 『땅의 문명』, 문학사상사, 2018

시오노 나나미, 김석희 역, 『로마인 이야기 10』, 한길사, 2002

하늘과 맞닿은 공중 도시 - 페루 마추픽추

지리교육연구회 지평, 『지리 교사들, 남미와 만나다』, 푸른길, 2005

위키백과(https://ko.wikipedia.org)

https://www.sciencetimes.co.kr/news/페루-마추피추-2/

페루관광청, https://www.peru.travel/pe/atractivos/machu-picchu#informacion-general

늘 순례자로 붐비는 카바 - 사우디아라비아 메카

Sinasi Alpago, 「[세계는 지금] 화폐 타고 세계여행 21: 이슬람의 시간, 메카를 중심으로」, 『통일한국』 제420권, 평화문제연구소, 2018, pp. 46~47

황의갑, 「이슬람의 성지순례에 대한 연구」, 『한국이슬람학회논총』 제18권, 한국이슬람학회, 2008, pp. 33~52

황병하, 「초기 이슬람역사의 도시형성에서 모스크의 역할」, 『한국이슬람학회논총』 제19권, 한국이슬람학회, 2009, pp. 202~313

이원복, 『먼나라 이웃나라 18 - 중동』, 김영사, 2018

전종한 · 김영래 · 노재윤 · 장의선 · 천종호 · 최재영 · 한희경 · 홍철희, 『세계지리-경계에서 권역을 보다』, 사회평론아카데미, 2017

커피에 관한 몇 가지 이야기 - 에티오피아

비버리지 뉴스(https://www.beveragenews.co.kr/)

Specialty Cafetiere(https://www.specialtycafetiere.com/)

매일유업 블로그(http://baristarules.maeil.com/blog/2551/)

International Coffee Orgranization(http://www.ico.org/)

스타벅스 코리아(https://www.starbucks.co.kr/)

〈커피 농가의 눈물을 멈추게 할 수 없을까〉, 《한국일보》, 2019. 8. 14

〈커피믹스 원산지, 한국이란 사실 아시나요?〉, 《오마이뉴스》, 2017. 2. 23

커피익스플로러(https://coffeexplorer.com/14)

https://catchmind-10.tistory.com/110

강치와 괭이갈매기의 땅 - 대한민국 독도

양재룡, 「독도는 떠다니는 섬인가?」, 『국토』 제6호, 국토연구원, 2019, pp. 68~73

최장근, 「한일협정 이후 한일 간의 해양경계 변경이 독도 영유권에 미친 영향」, 『일본문화연구』 제74권, 동아시아일본학회, 2020, pp. 295~314

최홍배, 「동아시아 해양영토 문제와 해결방안 - 독도를 중심으로」, 『국제학술대회 발표자료집』, 동북아시아문화학회, 2019, pp.233~237

독도관리사무소(https://www.ulleung.go.kr)

독도박물관(http://www.dokdomuseum.go.kr)

독도의용수비대(http://dokdofoundation.or.kr)

외교부 독도(https://dokdo.mofa.go.kr)

한국민족문화대백과사전(https://encykorea.aks.ac.kr)

우리가 이 섬을 기억해야 하는 이유 - 일본 군함도

김민철, 『군함도, 끝나지 않은 전쟁』, 생각정원, 2017

이혜민, 『기록되지 않은 기억 군함도』, 선인, 2018

나가사키 재일조선인의 인권을 지키는 모임, 『군함도에 귀를 기울이면』, 선인, 2017

지속 가능한 평화를 꿈꾸는 평화기념관 - 일본 히로시마

이아름, 「동아시아 전쟁 관련 기념관을 통해 본 전시 내러티브와 역사교육적 의미」, 고려대학교 석사학위논문, 2015

전종한 · 서민철 · 장의선 · 박승규, 『인문지리학의 시선』, 사회평론아카데미, 2017

동북아역사재단, 『일본의 전쟁기억과 평화기념관 1』, 동북아역사재단, 2009

위키백과(https://ko.wikipedia.org)

영원한 반성과 참회, 추모가 깃들다 - 폴란드 아우슈비츠

볼프강 벤츠, 최용찬 역, 『홀로코스트』, 지식의풍경, 2002

최호근, 『서양현대사의 블랙박스 나치대학살』, 푸른역사, 2006

프리모 레비, 이현경 역, 『이것이 인간인가』, 돌베개, 2007

홍재희, 『그건 혐오예요』, 행성B잎새, 2017

〈홀로코스트 백과사전 사이트〉 https://encyclopedia.ushmm.org/content/ko/article/victims-of-the-nazi-era-nazi-racial-ideology

〈박진영의 사회심리학 : 한국 사회의 혐오에 대하여〉, 『동아사이언스』, 2019. 9. 7, http://dongascience.donga.com/news.php?idx=31002

혹한의 초원에서 살아가는 법 - 몽골

차강이데 : 위키백과

올랑이데 : 셔터스톡

게르의 뼈대 : 위키백과

게르의 내부 공간 : 「몽골전통주거 게르의 공간구조와 의미에 관한 연구」, 김형준, 2012.

인간의 인내로 만들어 낸 와인 - 스페인 카나리아 제도

푸에르테벤투라의 남부, 그란 카나리아 남부 해안, 란사로테 남부의 아차 그란지 : 위키백과

서로 다른 운명을 걷는 코끼리 - 아프리카와 아시아

아시아코끼리 : 셔터스톡

아프리카코끼리 : 셔터스톡

냉대 기후에 적응한 숲과 사람들 - 타이가 지대

타이가의 분포 : Hari, P. & Kulmala, L. (Eds.),『Boreal forest and climate change』, 2008.

캐나다 밴프 국립공원의 타이가 : 게티이미지코리아

캐나다 노바스코샤의 크리스마스트리 농장 : 위키백과

워싱턴주의 별명인 상록수주 : https://www.flickr.com/photos/rustejunk/6333545262

베르그호얀스크산맥 : 위키백과

캐나다 유콘 준주의 도슨시와 유콘강의 여름 : 위키백과

말, 돌, 그리고 오름 - 대한민국 제주도

목마장의 잣담 : 탐라지리연구회

제주마 : 탐라지리연구회

하논 : 탐라지리연구회

산담 : 탐라지리연구회

송이 : 탐라지리연구회

다랑쉬 오름 : 탐라지리연구회

부대 오름 : 탐라지리연구회

성산 일출봉 : 국토지리정보원 국토정보플랫폼 제작

송악산 : 국토지리정보원 국토정보플랫폼 제작

요정의 숲 - 터키 카파도키아

데린쿠유 지하도시의 구조 : 셔터스톡

아프리카가 품은 장엄한 물보라 - 모시오아툰야(빅토리아 폭포)

빅토리아 폭포 전경 : https://www.pexels.com/photo/river-victoria-falls-waterfalls-685775/

유네스코 세계자연유산인 모시오아툰야 빅토리아 폭포 : 위키백과

천지연 폭포 : 위키백과

여섯 개의 나라를 통과하는 잠베지강 : 위키백과

쿰보카를 이끄는 왕의 배 : 위키백과

빅토리아 폭포 다리 위의 국경선 표시 : 위키백과

빅토리아 폭포 다리 : 위키백과

빨간 열정의 축제 '라 토마티나'- 스페인 부뇰

축제의 시작 : Graham McLellan_flickr

겨울 축제의 정수 '빙등제'- 중국 하얼빈

하얼빈 역 1번 플랫폼 : 연합뉴스 헬로포토

일생에 한 번은 스님이 되는 나라 - 태국

세계 종교 분포 지도 : 제임스 루벤스타인,『현대 인문 지리』, 시그마프레스, 2010.

세계 3대 종교의 기원과 전파 경로 : 제임스 루벤스타인,『현대 인문 지리』, 시그마프레스, 2010.

기차역의 도시 재생 - 프랑스 파리

1905년 사람들로 북적이는 오르세 역 : Musee d'Orsay, documentation

1900년 기차가 서 있는 오르세 역 플랫폼 : Musee d'Orsay, documentation

버스로 이룬 세계적 환경 도시 - 브라질 쿠리치바

쿠리치바 BRT 시스템 : UN-Habitat, 2013.

이중굴절 급행버스 노선과 직통버스 노선 : 위키백과

원기둥 모양의 버스 정류장 : 위키백과

지혜의 등대 : 위키백과

브라질의 지형 : 위키백과

브라질의 기후 : Adam Peterson, 2018.

오스트레일리아의 랜드마크를 가다 - 오스트레일리아 시드니

위에서 바라본 오페라 하우스 : www.sydney.com

오페라 하우스 내부 : www.sydney.com

사람을 생각하는 고대 도시 - 이탈리아 폼페이

원형극장의 공간 구분 : http://blog.daum.net/nhk2375/7166184

하늘과 맞닿은 공중 도시 - 페루 마추픽추

토템의 모습을 한 와이나픽추 : https://100.daum.net/encyclopedia/view/61XX12200005

우리가 이 섬을 기억해야 하는 이유 - 일본 군함도

군함도 구조 : 김민철 외,『군함도 끝나지 않은 전쟁』, 생각정원, 2017, p53

군함도 지하탄광 : 김민철 외,『군함도 끝나지 않은 전쟁』, 생각정원, 2017, p56

뉴래너크 방직 공장 : Scotland By Camera_flickr

지속 가능한 평화를 꿈꾸는 평화 기념관 - 일본 히로시마

히로시마-아우슈비츠 평화행진(1963) : "Eustachy Kossakowski - Peace March Hiroshima-Auschwitz, 1963" ©Anka Ptaszkowska. The negative is owned by Museum Of Modern Art in Warsaw